分子层级的精准调控
实现高效钙钛矿太阳能电池

Precise Regulation at the Molecular Level Enables
Efficient Perovskite Solar Cells

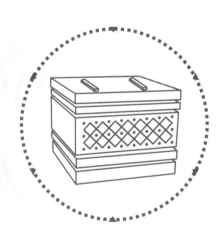

University of Electronic Science and Technology of China Press

·成都·

图书在版编目（CIP）数据

分子层级的精准调控实现高效钙钛矿太阳能电池 /
马胤译，刘明侦著. -- 成都：成都电子科大出版社，
2025．6． -- ISBN 978-7-5770-1290-2

Ⅰ．TM914．4

中国国家版本馆 CIP 数据核字第 20245KH701 号

分子层级的精准调控实现高效钙钛矿太阳能电池
FENZI CENGJI DE JINGZHUN TIAOKONG SHIXIAN GAOXIAO GAITAIKUANG
TAIYANGNENG DIANCHI

马胤译　刘明侦　著

出 品 人　田　江
策划统筹　杜　倩
策划编辑　万晓桐　刘亚莉
责任编辑　刘亚莉
责任设计　李　倩　刘亚莉
责任校对　杨梦婷
责任印制　梁　硕

出版发行　电子科技大学出版社
　　　　　成都市一环路东一段 159 号电子信息产业大厦九楼　邮编 610051
主　　页　www. uestcp. com. cn
服务电话　028-83203399
邮购电话　028-83201495

印　　刷　成都久之印刷有限公司
成品尺寸　170 mm×240 mm
印　　张　13
字　　数　236 千字
版　　次　2025 年 6 月第 1 版
印　　次　2025 年 6 月第 1 次印刷
书　　号　ISBN 978-7-5770-1290-2
定　　价　72.00 元

序

FOREWORD

当前，我们正置身于一个前所未有的变革时代，新一轮科技革命和产业变革深入发展，科技的迅猛发展如同破晓的曙光，照亮了人类前行的道路。科技创新已经成为国际战略博弈的主要战场。习近平总书记深刻指出："加快实现高水平科技自立自强，是推动高质量发展的必由之路。"这一重要论断，不仅为我国科技事业发展指明了方向，也激励着每一位科技工作者勇攀高峰、不断前行。

博士研究生教育是国民教育的最高层次，在人才培养和科学研究中发挥着举足轻重的作用，是国家科技创新体系的重要支撑。博士研究生是学科建设和发展的生力军，他们通过深入研究和探索，不断推动学科理论和技术进步。博士论文则是博士学术水平的重要标志性成果，反映了博士研究生的培养水平，具有显著的创新性和前沿性。

由电子科技大学出版社推出的"博士论丛"图书，汇集多学科精英之作，其中《基于时间反演电磁成像的无源互调源定位方法研究》等28篇佳作荣获中国电子学会、中国光学工程学会、中国仪器仪表学会等国家级学会以及电子科技大学的优秀博士论文的殊荣。这些著作理论创新与实践突破并重，微观探秘与宏观解析交织，不仅拓宽了认知边界，也为相关科学技术难题提供了新解。"博士论丛"的出版必将促进优秀学术成果的传播与交流，为创新型人才的培养提供支撑，进一步推动博士教育迈向新高。

青年是国家的未来和民族的希望，青年科技工作者是科技创新的生力军和中坚力量。我也是从一名青年科技工作者成长起来的，希望"博士论丛"的青年学者们再接再厉。我愿此论丛成为青年学者心中之光，照亮科研之路，激励后辈勇攀高峰，为加快建成科技强国贡献力量！

中国工程院院士

2024 年 12 月

前 言
PREFACE

在这个挑战与机遇并存的时代,新能源技术,特别是太阳能光伏发电技术,受到了全球的高度关注。太阳能光伏发电不仅是应对气候变化、推动能源转型、促进经济发展的关键手段,也是确保能源安全的重要途径,其对社会、经济和环境的意义深远。根据国际能源署(IEA)的数据,2022年全球太阳能光伏发电累计装机容量已突破 1.2 TW,标志着全球正式迈入"太瓦时代"。此外,全球光伏装机容量仍以每年数百吉瓦的速度快速增长,这一趋势不仅体现了技术进步和成本降低的正面效应,也凸显了全球对可再生能源和清洁能源转型的重视。随着光伏技术的持续进步和成本的进一步降低,预计未来全球光伏装机容量将继续攀升。

钙钛矿太阳能电池作为一种新兴的光伏技术,以其高效率、低成本和可溶液加工等优点,成了可再生能源领域的焦点。自钙钛矿材料展现其卓越的光电性能以来,钙钛矿太阳能电池的发展速度令人瞩目。在短短十余年时间里,其光电转换效率从最初的3%飙升至26.7%,展现了巨大的商业化潜力。然而,钙钛矿太阳能电池在稳定性、大面积制备和环境影响等方面仍面临诸多挑战,亟待深入研究和解决。

本书围绕钙钛矿太阳能电池的关键科学问题和技术难题,重点开展了钙钛矿上界面缺陷钝化的研究。全书共分为六章。

第一章在阐述研究背景和钙钛矿太阳能电池应用前景的基础上,着重介绍了界面缺陷钝化工程的原理及其研究进展,使读者能够对钙钛矿太阳能电池有一个全面的认识。

第二章全面介绍了本书所采用的实验制备方法及常用的仪器表征原理,

帮助读者深入了解实验细节。

第三章详细阐述了本书的第一个研究工作，即基于协同钝化效应提升器件开路电压机制的研究，揭示了偶极分子场效应钝化和化学钝化效应提升器件开路电压的机理。

第四章介绍了本书的第二个研究工作，即基于双分子动力学竞争吸附的表面缺陷钝化研究，提出了双分子协同后处理钝化的新思路。

第五章聚焦于高效宽带隙钙钛矿的相稳定性和表面缺陷钝化研究，提出了一种结合双分子缺陷钝化和三卤素组分工程的创新策略，为未来构建高效叠层电池提供了可能。

第六章对全书进行了总结，并对未来研究方向进行了展望。

在本书的撰写过程中，得到了课题组相关人员的大力支持。在此，衷心感谢我的博士导师刘明侦教授的悉心指导和无私帮助，感谢实验室同人的相互支持与鼓励。希望本书的研究成果能为钙钛矿太阳能电池的发展提供一点实践参考，为我国新能源事业贡献一份力量。

尽管本书在撰写过程中秉持科学研究的严谨态度，力求在实验设计、数据分析等方面做到精益求精，但鉴于学术水平和研究条件的限制，书中难免存在不足之处。在此，恳请各位专家和读者不吝赐教。

综合考虑了表达的准确性和读者的阅读习惯，本书中的图片保留了原文献中的英文表达。本书全彩图片扫描以下二维码即可获得。

马胤译

2024 年 9 月

目 录
CONTENTS

第五章 高效宽带隙钙钛矿的相稳定性和表面缺陷钝化研究

第一章

绪 论

1.1 研究背景

日益增长的能源消耗是未来 50 年人类面临的最大挑战之一，探索无碳能源是解决化石能源短缺和气候变化问题的迫切任务[1]。幸运的是，科技的进步为人类提供了几种替代传统能源的可持续能源，如风能、地热能、生物质能、太阳能等。

自从 1839 年 Becquerel 第一个发现光伏效应以来，开发和利用太阳能一直是科学界追求的目标[2]。太阳能是一种可再生资源。与使用煤炭、核能、石油和天然气的传统发电技术相比，太阳能光伏发电技术具有体积小、模块化程度高、可以在多种地方使用的优点。此外，太阳能光伏发电技术没有燃料成本，运行和维护成本也相对较低。因此，太阳能光伏发电技术是实现脱碳经济和提供可持续能源供应的关键技术之一[3]。据估算，要想在 2050 年前实现无碳的电力供应目标，光伏发电装机容量必须增加到 21.9 TW 以上[4]。从 2011 年到 2023 年，商用光伏系统已将全球发电量从 13 GW 提高到 183 GW，全球年均增长率为 30%[5]。另一个有望促成太阳能光伏发电技术实现前所未有的商业可行性的因素是光伏组件的学习率，预计未来成本将降低40%，生产力将增加两倍。在未来十年，每年的产量增长预计将达到 1.5~3 TW，直至 2050 年趋于稳定。这种持续的性能提升和单位成本的降低已经成为光伏行业的常态，并将在未来几年继续发挥作用。

根据材料类型和商业化程度，光伏电池技术通常可分为三代[6]。其中，第一代光伏电池技术以晶体硅(c-Si)太阳能电池(简称"晶体硅电池")为代表。根据硅片的制作方法，晶体硅电池还可分为三种类型，包括单晶硅(Mono c-Si)、多晶硅(Poly c-Si)和非晶硅(a-Si)电池。第二代光伏电池技术是以化合物薄膜太阳能电池为代表，因为与晶体硅电池相比，薄膜太阳能电池的厚度只有 1~4 μm。目前，已经商业化的薄膜太阳能电池主要有三种类型，即碲化镉(Cd-Te)、砷化镓(GaAs)和铜铟镓硒(CIGS)。第三代光伏电池技术主要是新兴的薄膜太阳能电池，以染料敏化太阳能电池(DSSC)、有机太阳能电池(OPV)、钙钛矿太阳能电池(PSCs)等为代表。

硅太阳能电池(Si SC)作为光伏领域的市场领导者，在 2020 年占据了全球产量的92%。贝尔实验室于 1954 年开发出第一个 Si SC，光电转换效率(PCE，简称"效率")仅为6%。采用钝化接触技术，如隧道氧化物钝化接触(TOPCon)和叉指状背接触结构(IBC)，使得单结 Si SC 的 PCE 在过去几十年得到持续提升[7]。与其他类型的光伏组件相比，c-Si 组件具有更高的效率，这意味着从给定的面板面积能获得更多的电力。到目前为止，单面和双面模块的硅电池的 PCE 分别达到 22.8% 和24%。根据《国际光伏技术路线图》的预测，c-Si 组件的 PCE 的增幅将放缓，预计到 2030 年单面 c-Si 组件的 PCE 仅为24%。由于系统平衡(BOS)成本在光伏安装的总成本中占据了相当大的比例，因此 PCE 的提高有助于提高商业光伏系统的经济性。此前，模块成本占光伏系统总成本的31%，而40%由 BOS 组件组成，包括土地、布线、结构和安装，并且 BOS 成本随规模而变化[8]。更高效的模块意味着每单位面积的能源产量提高，可以最大限度地减小模块尺寸并降低BOS 成本。这种性能提升将影响用于确定市场竞争力的平准化度电成本(LCOE)。

图 1-1 展示了美国国家可再生能源实验室(NREL)的各种光伏电池技术在效率提升方面的演进历程。值得注意的是,在众多技术中,第三代光伏电池技术 PSCs 发展迅速,其快速的效率提升和潜在的应用前景吸引了各界的广泛兴趣。

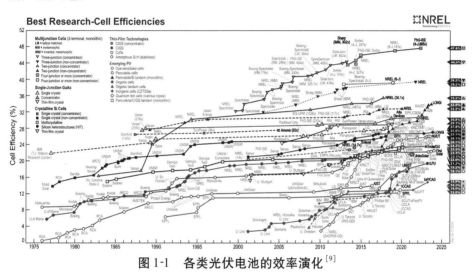

图 1-1　各类光伏电池的效率演化[9]

1.2　钙钛矿太阳能电池应用前景

钙钛矿材料以其卓越的光电性能而著称,包括高光吸收系数、长载流子扩散长度和快载流子迁移率,这些特性使得 PSCs 的认证 PCE 由 2009 年的 3.8% 迅速提升至 2023 年的 26.1%[9]。这种前所未有的 PCE 增长速度在光伏技术的发展史上是空前的,它不仅超越了一些商业化的光伏电池技术的 PCE(Ge-Te 为 22.4%,CIGS 为 23.6%),而且接近晶体硅太阳能电池的 PCE(27.1%)。这一成就归功于钙钛矿独特的晶体结构,该结构能够高效利用太阳光谱中的可见光和近红外光,从而提升了能量转换的效率。此外,PSCs 具有较低的制造成本和大规模、高通量生产的潜力。与硅太阳能电池相比，它可以通过廉价且可扩展的方法生产，如旋涂、喷墨打印和喷雾沉积等基于溶液的技术以快速且经济的方式制备。为了实现广泛应用并降低生产成本，PSCs 的可扩展性至关重要。与传统太阳能电池的生产方法相比，PSCs 的生产还减少了资源的浪费。而且，PSCs 还具有卓越的适应性和兼容性，由于轻便、灵活和半透明的特性，它们可以被集成到各式各样的表面上。在光伏建筑一体化（BIPV）、汽车集成光伏（CIPV），以及可穿戴技术、便携式电子产品、卫星或航天飞机的发电等方面具有很好的应用前景，如图 1-2 所示。此外，为了解决钙钛矿中的铅毒性问题，研究者们已经开发了一些替代配方，如无铅的锡基钙钛矿等。PSCs 生产成本受到钙钛矿合成中使用的原材料丰度和可获得性的影响。铅、锡和卤化物离子是钙钛矿材料中普遍存在的成分，这些原材料的廉价性进一步提高了 PSCs 的经济可行性。

图 1-2　PSCs 的潜在应用场景[10]

虽然 PSCs 具有众多的优势，但在其迈向商业化的路途上仍然面临诸多挑战。在这些挑战中，提升长期稳定性和耐久性显得尤为关键。钙钛矿材料的稳定性受到湿度、温度和光照的影响。为了增强 PSCs 的稳定性和可靠性，研究人员正投入大量努力开发先进的封装技术和防潮材料，并优化器件结构。此外，界面稳定性和兼容性对于实现 PSCs 的卓越性能和持久可靠性也极为重要。有效的电荷提取和传输在很大程度上依赖于钙钛矿层与电荷传输层之间的界面质量，以及器件内其他功能层之间的相互作用。电荷复合、提取效率低下、器件性能衰减往往与界面设计的不足有关。鉴于此，界面工程技术的发展受到广泛的关注，包括表面钝化技术和界面改性层的应用。

1.2.1 钙钛矿材料晶体结构与物相

PSCs 的光吸收层由具有 ABX_3 化学式的钙钛矿结构材料构成。其中，A 代表一价有机或无机阳离子，如甲基铵(MA^+)、甲脒(FA^+)、铯(Cs^+)；B 通常为铅(Pb^{2+})或锡(Sn^{2+})；而 X 是卤素，主要是 I^- 和 Br^-，较少见的是 Cl^-。通过改变 A、B 和 X 的分量，带隙可以在 $1.17 \sim 2.8$ eV 之间进行调节。例如，$MAPbI_3$、$FAPbI_3$ 和 $CsPbI_3$ 钙钛矿的带隙分别约为 1.55 eV、1.48 eV 和 1.73 eV。其中，带隙随着 A 位离子半径减小而增加，这是由于 A 位阳离子 Pb—I 键调制的尺寸效应[11]。用 Sn 取代 Pb 也可以显著降低带隙，如 Pb-Sn 混合钙钛矿的带隙可低至 $1.17 \sim 1.3$ eV[12]。通常在含有混合卤化物及不同 A 和 B 阳离子的杂化钙钛矿中，X 位对带隙的影响更为显著。过去的研究认为 Cl 对钙钛矿带隙的影响较小，这可能是因为卤素晶格中 Cl 的含量较低。但有趣的是，最近的研究表明，在富 Br 的钙钛矿中，Cl 能够占据 X 位并进一步加宽带隙，这或许是因为考虑到离子半径的差异，Cl 更倾向于取代 Br 而非 I[13]。

如图 1-3 所示，钙钛矿与传统半导体(即 Si、CdTe、Ⅲ—V 族半导体)之间的根本区别在于其价带最大值(VBM)和导带最小值(CBM)之间的行为。例如，在典型Ⅲ—V 族半导体中，VBM 和 CBM 分别由成键轨道和反键轨道组成[2]。键断裂产生悬空键占据其原始键的空间，从而在带隙内产生深能级缺陷[14]。相反，钙钛矿的 VBM 和 CBM 都由反键轨道形成带隙，因此破坏这些键会产生远离带隙的状态，这些状态要么是浅缺陷，要么是处于价带内。以 MAPbI$_3$ 钙钛矿为例，MAPbI$_3$ 的光学跃迁依赖于直接带隙 p-p 跃迁，从而产生较高光吸收系数（约 10^5 cm^{-1}），赋予钙钛矿薄膜具有吸收足够多光的能力。CBM 和 VBM 附近的强色散能带导致较小的有效电子和空穴质量，这是钙钛矿高效双极性载流子传输特性的原因。这也使得钙钛矿具有高性能的竞争优势，即使其缺陷密度是单晶 Si 太阳能电池的 10^6 倍[14]。钙钛矿半导体的缺点是高缺陷密度降低了离子迁移通过所需的能量，并且缺陷倾向随着时间推移而传播，进而导致钙钛矿容易发生降解。

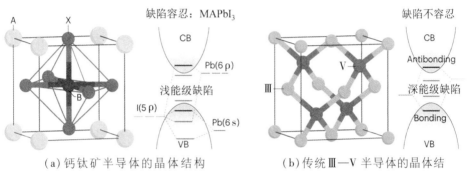

（a）钙钛矿半导体的晶体结构
（左）和伴随的能带结构（右）

（b）传统 Ⅲ—Ⅴ 半导体的晶体结构（左）和伴随的能带结构（右）

图 1-3　钙钛矿型半导体的特殊性质[14]

此外，钙钛矿的晶体结构稳定性与 Gold-schmidt 容差因子 t 和八面体结构因子 μ 密切相关，分别可以用以下公式进行评价：

$$t = \frac{R_A + R_X}{\sqrt{2}(R_B + R_X)} \tag{1-1}$$

$$\mu = \frac{R_B}{R_X} \tag{1-2}$$

式中，R_A、R_B 和 R_X 分别是钙钛矿中 A、B 和 X 离子的半径；t 的经验值在 0.8~1，代表具有光活性钙钛矿的理想立方晶体结构；μ 是衡量八面体结构稳定的参数，经验值在 0.442~0.895 时比较稳定[15]。

MA$^+$ 的小离子半径（2.17 Å）使 MAPbI$_3$ 的 t 值在 0.8 下边缘范围，四方 MAPbI$_3$ 表现出快速分解为 PbI$_2$ 和卤化物盐的行为。具有大离子半径的 FA$^+$（2.53 Å）可以抑制分解途径，而 FA$^+$ 的非中心对称结构和 [PbI$_6$]$^{4-}$ 八面体框架内的动态旋转可能导致立方相堆叠的高形成熵，以及黑色立方相(光活性相)向黄色六方相(非光活性相)转变[16]，如图 1-4 所示。与 FA^+ 和 MA^+ 相比，$CsPbI_3$ 中较小的 Cs^+ 有助于不对称正交相的形成。混合阳离子或阴离子合金化策略可稳定钙钛矿，如 $FA_{1-X}MA_XPbI_3$、$FA_{1-X}C_SXPbI_3$、$FA_{1-X-Y}MA_XC_{SY}PbI_3$ 等[16]。

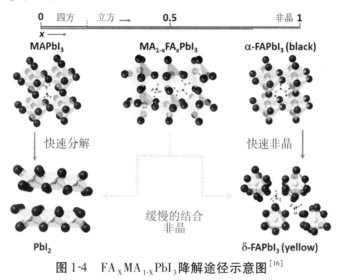

图 1-4　$FA_XMA_{1-X}PbI_3$ 降解途径示意图[16]

注：富 MA 钙钛矿易分解为碘化物和 PbI_2，而富 FA 的钙钛矿表现出快速的相变。

1.2.2　钙钛矿太阳能电池结构

钙钛矿材料是作为 DSSC 中染料分子的替代物被提出的，因此最初的 PSCs 是从 DSSC 的相似结构演变而来的。当研究人员用固态空穴导体取代了液态电解质，创造所谓的全固态介观器件结构时，这一转变引起了光伏领域的关注。随后，为了进一步简化器件结构，平面型器件结构被开发出来。根据光入射方向的不同，PSCs 可以简单分为两种结构[17]，即常规正式结构(n-i-p)和倒置反式结构(p-i-n)。常规正式结构的 PSCs 进一步分为介孔和平面结构，即介孔 n-i-p 型结构和平面 n-i-p 型结构；而倒置反式结构几乎都采用平面结构，即平面 p-i-n 型结构，如图 1-5 所示。到目前为止，尚未在不透明基底上(如钛箔)制造出高效率的钙钛矿器件。这是因为传统的基于透明导电氧化物(TCO)的沉积技术可能会导致钙钛矿材料在不透明基底表面发生分解,从而影响器件的性能。这一挑战说明,针对特定基底材料优化钙钛矿的沉积工艺是实现高效 PSCs 的关键之一。

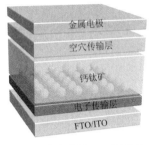
(a)介孔n-i-p型结构

(b)平面n-i-p型结构

(c)平面n-i-p型结构

图 1-5　典型的 PSCs 结构示意图

(1)n-i-p 型结构。

在 DSSC 的概念中,钙钛矿纳米晶被吸附在介孔 TiO$_2$ 层和空穴传输层(HTL)上,并完全渗透到介孔层内形成异质结。基于这种结构,使用固体 2,2′,7,7′-四甲氧基二苯胺基-9,9′-螺二苯芴(Spiro-OMeTAD)作为 HTM 的钙钛矿器件取得了 9.7% 的 PCE,并提高了稳定性[18]。然后,发展了介孔超结构和柱状结构,并在基于 MAPbI$_3$ 的器件中实现了 12% 的 PCE。由于这一过程,大多数早期器件都设计为介孔规则的结构。然而,介孔 TiO$_2$ 电子传输层(ETL)的高温烧结工艺和光催化活性增加了器件的制造成本并降低了器件的光稳定性[19]。由于钙钛矿的双极传输特性和相对长的电子-空穴扩散长度,具有平面 ETL 型钙钛矿也可以有效地工作。在 PSCs 的后期发展阶段,具有优异光电特性的低温加工的平面 SnO$_2$ 被用作 TiO$_2$ 的替代品,为许多高效率的 PSCs 提供了基础。然而,由于用于开发高效 HTL 的材料选择有限,常规 PSCs 仍然面临稳定性改善的瓶颈。考虑到其效率,具有亲水性锂盐掺杂的 Spiro-OMeTAD 是 HTL 的最佳选择[20]。在稳定性测量过程中,它会为器件引入额外阻力。因此,许多研究人员常使用两种 HTLs,即 Spiro-OMeTAD 和聚[双(4-苯基)(2,4,6-三甲基苯基)胺](PTAA)组合进行稳定性跟踪测量，使得无法在同一器件中实现高效率和稳定性[21,22]。

（2）p-i-n 型结构。

p-i-n 型结构的 PSCs 采用了稳定的 ETL，如富勒烯（C_{60}）或衍生物 PCBM，展现出了提高稳定性的潜力。在持续光照的环境下，传统的 n-i-p 型结构的 PSCs 会降解至仅保留原始效率的 20%（T_{80}），约需 500 h；而基于 p-i-n 型结构的 PSCs 保持 90% 初始效率（T_{90}）的时间则能超过 1 000 h。此外，倒置式 PSCs 还具备低能量滞后、简化的加工技术，以及适用于构建叠层太阳能电池体系的优势[23]。研究者[24]于 2013 年发表了有关倒置式 PSCs 的首篇论文。他们在 $MAPbI_3$/PCBM 上设计了供体-受体型的平面异质结，并在玻璃/铟锡氧化物（ITO）/$MAPbI_3$/PCBM/Bathocuproine（BCP）/Al 的器件结构实现了 3.9% 的 PCE。2015 年，Han 等人[25]推出了一种重掺杂的 Ni_X $Mg_{1-X}O$ HTL 和 n 掺杂的 TiO_X ETL，以增强钙钛矿中的电荷抽取效率，并制备了面积大于 $1\ cm^2$ 的 PSCs，其认证 PCE 为 15%，并且表现出卓越的光照稳定性。这一成果引发了研究界对反式 p-i-n 型器件的广泛关注。随后，通过构筑分级异质结构和实施全面的表面钝化策略，分别实现了超过 18% 和 20% 的 PSCs 效率。倒置式 PSCs 取得的显著进步主要归功于对界面和表面精细修饰的优化，这些优化与电荷抽取、载流子寿命及复合损失密切相关。与常规 PSCs 相比，倒置式 PSCs 的主要滞后参数是 V_{OC}，这也与钙钛矿/ETL 和钙钛矿/HTL 界面的两个结有关。据报道，当钙钛矿与电荷传输层（CTL）接触时，特别是与富勒烯 ETL 和聚（3，4-乙二氧基噻吩）（PEDOT：PSS）HTL 接触时，钙钛矿的准费米能级分裂（QFLS）会降低。结果表明，在这些接触界面存在缺陷。此外，钙钛矿在 HTL 基底上的生长更容易成为 p 型，从而抑制了钙钛矿/PCBM 界面的电荷提取。Zheng 等[26]使用微量表面锚定烷胺配体油胺（OAm）作为钙钛矿的晶粒和界面修饰剂，实现了认证 PCE 大于 22%。与此同时，常规 n-i-p 型 PSCs 的认证 PCE 为 25.2%，远远超过了倒置式器件。2022 年，Fang 等[27]报道了通过表面硫化处理策略，获得具有认证 PCE 为 23.5% 的倒置 PSCs，显著缩小了倒置式和常规 PSCs 之间的差距。最近，通过在 NiOx HTL 结构上设计分子吸收，并在钙钛矿/C_{60} 界面抑制深能级缺陷，倒置式 PSCs 的认证 PCE 分别提高到 25.6%[28] 和 25.87%[29]。此外，最近更新的倒置式结构器件的最高纪录效率为 26.1%，进一步凸显了倒置式结构的潜在优势。

1.2.3 宽带隙钙钛矿及其存在的问题

通常，带隙大于 1.65 eV 的有机-无机卤化物钙钛矿被定义为宽带隙（WBG）钙钛矿。与较窄带隙钙钛矿相比，WBG 钙钛矿在各种光伏相关领域都表现出一定潜力。其中，多结叠层电池是 WBG 钙钛矿及其太阳能电池器件中最有前景的应用场景。例如，大约 1.68 eV 带隙的 WBG 钙钛矿被认为是最先进的硅基两节叠层器件中顶部子电池的绝佳选择。WBG 钙钛矿的吸光范围通常聚集于可见光波段，相关的 WBG PSCs 在物联网等室内光伏应用中表现出优异的性能。WBG 钙钛矿也适用于水下光伏，其中超过 1.8 eV 的大带隙有望吸收从蓝光到黄光的光。此外，WBG PSCs 由于对室内弱光的响应优异和半透明性，还有在 BIPV 中应用的潜力（图 1-6）。

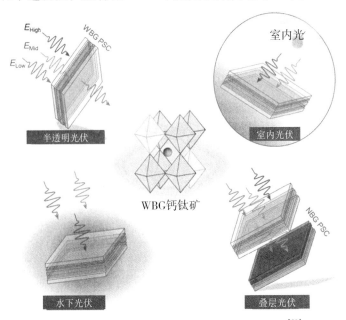

图 1-6　WBG 钙钛矿的晶体结构及应用场景[30]

这些 WBG 材料通常是通过在钙钛矿半导体的 X 位上混合碘溴卤素来实现的。例如，对于 $MAPb(I_yBr_{1-y})_3$ 型钙钛矿，$0 \leqslant y \leqslant 1$，当碘化物比减小，其带隙可从 1.58 eV 增加到 2.38 eV。然而，由于卤化物离子的局部聚集和离子迁移引起的结构不稳定等问题，WBG 钙钛矿器件难以保持高质量和稳定性。到目前为止，WBG 钙钛矿的 V_{OC} 很大程度上没有如预期那样随着带隙增加而增加。值得注意的是，除了在光伏中应用外，WBG 钙钛矿作为发光二极管(LED)器件中的发射层已经得到很好的应用。尽管这两种技术中存在不同的接触层和激发强度，但钙钛矿 LED 的成功是高溴化物含量钙钛矿在光伏应用中潜力的极好证明。在钙钛矿 LED 中，光致发光量子产率(PLQY)测量通常用于筛选钙钛矿组合物在高电致发光外量子效率(EL-EQE)LED 器件中的潜力。在钙钛矿 LED 的相关文献中，已经有许多关于WBG 钙钛矿薄膜 PLQY 值超过 30% 的内容，对于带隙大致适合叠层光伏应用的材料，其 PLQY 值甚至超过 70%。然而，太阳能电池中使用的类似 WBG 钙钛矿通常至少低一个数量级的 PLQY 值。众所周知，应用 QFLS 分析，PLQY 测量可以预测特定材料系统或器件堆叠而实现的最大 V_{OC}。因此，较高的 PLQY 和实现高 V_{OC} 之间存在直接相关性。钙钛矿 LED 在开发高 PLQY 薄膜和高 EL-EQE LED 器件方面的成功有力地表明了困扰 WBG 光伏的电压损失并非高 Br 钙钛矿材料系统固有的。

　　WBG 钙钛矿的成分不均匀性和卤素相分离是影响器件性能的重大因素。Sadhanala 等人[31]证明，当 Br 的比例增加到 20% 时，在 $MAPb(I_yBr_{1-y})_3(0 \leqslant y \leqslant 1)$ 膜中可以观察到亚带隙态的存在，这被解释为初始两相的形成。混合相的存在会影响载流子的迁移，降低载流子的寿命。如图 1-7(a)所示，在 $MAPb(I_yBr_{1-y})_3$ 膜中，随着碘化物比例从 0 变为 100%，光致发光(PL)峰的位置从 2.23 eV 移动到了 1.57 eV。但当碘化物含量上升到 0.4 时，在光谱上可以观察到肩峰，表明新的光活性相的形成和各相共存。此外，具有这种组成的 WBG 钙钛矿在光照下容易发生光致相偏析，如图 1-7(b)所示。光照下，原始 Br/I 混合钙钛矿膜倾向于分离成富 Br 和富 I 畴。富 I 相表现出比初始混合相更低的子带隙，这为电荷流入富 I 畴提供了驱动力。有趣的是，这种相偏析不太稳定，在黑暗条件下，在分离域中发现了可逆的恢复现象。类似地，在具有混合阳离子 WBG 钙钛矿中也存在初始不均匀性和相偏析的问题。在混合阳离子钙钛矿中，Cs 的加入可以帮助混合 $Cs_xFA_{(1-x)}PbI_3$ 钙钛矿的黑相结晶，并微调 Gold-schmidt 容限因子以增强结构稳定性。然而，当 Cs 含量过高时，由于 Cs(1.81 Å) 和 FA(2.79 Å)/MA(2.70 Å) 之间的大尺寸失配，WBG 钙钛矿膜中可能发生相分离，使系统处于高能状态，并增加了相分离的熵。无机阳离子的引入会导致氢键在有机阳离子之间形成，如 MA^+、FA^+ 和卤化物，留下可以与水和其他极性分子反应或配位的活性位点。WBG 钙钛矿不均匀钙钛矿膜中的不协调反应位点导致载流子的非辐射复合，降低其寿命并导致钙钛矿器件的效率损失。改善空间均匀性以释放晶格微应变并增加离子迁移的动力学屏障可能会消除或减缓 WBG 钙钛矿中的相分离。

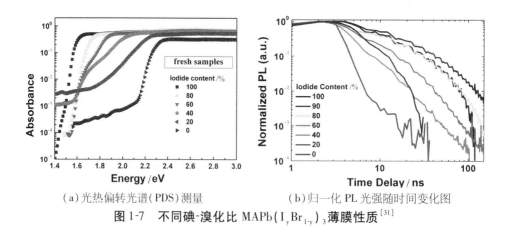

(a) 光热偏转光谱(PDS)测量   (b) 归一化 PL 光强随时间变化图

图 1-7 不同碘-溴化比 $MAPb(I_yBr_{1-y})_3$ 薄膜性质[31]

相比于正常带隙钙钛矿，WBG 钙钛矿经历更快的结晶过程，导致较差的结晶度、更多的陷阱态和不可逆的微应变。此外，还在 WBG 钙钛矿观察到了不同的几何形态，如薄膜褶皱现象。有研究指出 WBG 钙钛矿膜的褶皱形成源于其结晶过程中内部压应力的松弛，这可归因于相邻层的离子尺寸（Br^- 和 I^- 分别为 1.96 Å 和 2.22 Å）和热膨胀系数不匹配[32]。简言之，在溶剂萃取过程膜积累了压缩应力，而在薄膜退火过程应力得到释放。另外，生成的陷阱态将充当非辐射复合中心，限制器件性能的提高。因此，调节钙钛矿晶体生长和抑制缺陷的形成是获得高质量 WBG 钙钛矿膜的主要方法。界面工程和添加剂工程是调节结晶和钝化缺陷有前途的策略。表 1-1 统计了近年来有代表性的单结 WBG PSCs 性能，可以看到目前 WBG 钙钛矿的 V_{OC} 损失较大，qV_{OC}/E_g 值都远低于 0.75。

表 1-1　有代表性的单结 WBG PSCs 性能统计

类型	钙钛矿（Perovskite）	E_g/eV	V_{OC}/V	J_{SC}/（mA·cm^{-2}）	FF/%	PCE/%	参考文献
p-i-n	$MAPbI_{2.5}Br_{0.5}$	1.72	1.060	18.30	78.2	16.60	[33]
p-i-n	$(FA_{0.83}MA_{0.17})_{0.95}Cs_{0.05}Pb(I_{0.6}Br_{0.4})_3$	1.71	1.210	19.70	77.5	18.50	[34]
p-i-n	$FA_{0.6}Cs_{0.4}Pb(I_{0.7}Br_{0.3})_3$	1.75	1.170	17.50	80.0	16.30	[35]
p-i-n	$FA_{0.83}MA_{0.17}Pb(I_{0.6}Br_{0.4})_3$	1.72	1.150	19.40	77.0	17.20	[36]
p-i-n	$FA_{0.8}Cs_{0.2}Pb(I_{0.7}Br_{0.3})_3$	1.75	1.240	17.92	81.9	18.19	[37]
p-i-n	$(FA_{0.65}MA_{0.20}Cs_{0.15})Pb(I_{0.8}Br_{0.2})_3$	1.68	1.170	21.20	79.8	19.50	[38]
p-i-n	$CsPbI_3$	1.73	1.160	17.70	78.6	16.10	[39]
p-i-n	$CsPbI_2Br$	1.80	1.230	15.26	78.0	15.19	[40]
p-i-n	$FA_{0.6}Cs_{0.3}DMA_{0.1}PbI_{2.4}Br_{0.6}$	1.70	1.200	19.60	82.0	19.40	[41]
n-i-p	$CsPbI_3$	1.73	1.080	18.41	79.32	15.71	[42]
n-i-p	$CsPbI_2Br$	1.80	1.230	16.79	77.81	16.07	[43]

续表

类型	钙钛矿（Perovskite）	E_g/eV	V_{OC}/V	$J_{SC}/(mA \cdot cm^{-2})$	FF/%	PCE/%	参考文献
n-i-p	$\beta\text{-}CsPbI_3$	1.68	1.110	20.23	82.0	18.40	[44]
n-i-p	$FA_{0.83}Cs_{0.17}Pb(I_{0.6}Br_{0.4})_3$	1.75	1.230	18.34	79.0	17.80	[45]
n-i-p	$Cs_{0.17}FA_{0.83}PbI_{2.2}Br_{0.8}$	1.72	1.270	19.30	77.4	18.60	[46]
n-i-p	$Cs_{0.12}MA_{0.05}FA_{0.83}Pb(I_{0.6}Br_{0.4})_3$	1.74	1.250	19.00	81.5	19.10	[47]
n-i-p	$FA_{0.83}Cs_{0.17}Pb(I_{0.6}Br_{0.4})_3$	1.74	1.200	19.40	75.1	17.00	[48]
n-i-p	$FA_{0.17}Cs_{0.83}PbI_{2.2}Br_{0.8}$	1.72	1.244	19.80	75.0	18.60	[49]
n-i-p	$FA_{0.15}Cs_{0.85}Pb(I_{0.73}Br_{0.27})_3$	1.72	1.240	19.83	73.7	18.10	[50]
n-i-p	$FA_{0.83}Cs_{0.17}Pb(I_{0.6}Br_{0.4})_3$	1.72	1.310	19.30	78.0	19.50	[51]

造成上述 V_{OC} 损失严重的几个因素包括：①相分离现象，混合卤素 WBG 钙钛矿在光照下存在严重的相分离，形成富 I 区域和富 Br 区域，导致次带隙吸收增加，从而将器件最终 V_{OC} 限定在低带隙附近；②电荷传输层界面缺陷，WBG 钙钛矿与电荷传输层界面存在大量的缺陷，导致严重的载流子非辐射复合损耗；③能级偏移，WBG 钙钛矿相对于正常带隙钙钛矿，与相邻电荷传输层的能级偏移较大，导致额外的 V_{OC} 损失。

1.2.4 钙钛矿薄膜晶体生长机理与制备技术

PSCs 的高性能与其钙钛矿薄膜的质量息息相关，特别是其结晶性和形貌，这些特性受到制备工艺的显著影响。通过低温溶液法得到的钙钛矿，因其低形成焓和离子键特性，使得薄膜的结晶速度加快，进而对薄膜的结晶完善度和生长方向的控制带来了挑战。为了深入理解薄膜的结晶动力学，可以采用 LaMer 模型进行分析，如图 1-8 所示。该模型将结晶过程划分为三个关键阶段：阶段 I 涉及钙钛矿前驱体在溶液中的存在，直至溶液达到过饱和状态(Cs)；阶段 II 是钙钛矿晶核的形成与增长；而在阶段 III 发生在溶液浓度回落至过饱和水平以下，此时只有晶核继续生长，直到前体溶液完全耗尽。

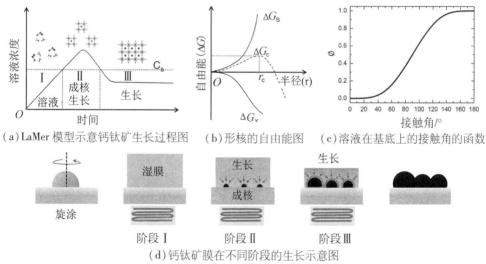

（a）LaMer 模型示意钙钛矿生长过程图　（b）形核的自由能图　（c）溶液在基底上的接触角的函数

（d）钙钛矿膜在不同阶段的生长示意图

图 1-8　低温溶液法中的钙钛矿薄膜生长机理[52]

注：Cs 代表过饱和浓度。

根据经典成核理论，使用临界自由能 ΔG_c 描述核在溶液中稳定存在而不被溶解所需的自由能。使用 Arrhenius 类型方程描述成核速率，如式(1-3)所示[53]：

$$\frac{\mathrm{d}N}{\mathrm{d}t} = A\exp\left(-\frac{\Delta G_c}{k_{\mathrm{B}}T}\right) \tag{1-3}$$

式中，t 代表过程时间；T 是温度；N 是前体原子核数目。ΔG_c 可表示为表面能 γ、摩尔体积 ν 和溶液过饱和度 S 的函数，故式（1-3）可演变为式（1-4）：

$$\frac{\mathrm{d}N}{\mathrm{d}t} = A\exp\left(-\frac{16\pi\gamma^3\nu^2}{3k_{\mathrm{B}}^3 T^3 (\ln S)^2} \right) \tag{1-4}$$

溶液和导电基底之间的界面可以充当异质形核位点，通过引入校正项 ϕ 来描述非均匀成核[54]，如式（1-5）和（1-6）所示：

$$\Delta G_c^{\mathrm{hetero}} = \phi\Delta G_c^{\mathrm{hemo}} \tag{1-5}$$

$$\phi = \frac{(2+\cos\theta)(1-\cos\theta)^2}{4} \tag{1-6}$$

式中，θ 是溶液接触角，如图 1-8（c）所示，ϕ 随 θ 变化。因此，成核动力学在很大程度上取决于基底。例如，在 n-i-p 型结构中，钙钛矿前驱体溶液在 SnO_2 层上有很好的浸润性，θ 为 $15° \sim 20°$，预计溶液和基底界面处的 ΔG_c 将显著降低。因此，成核主要发生在溶液和基底之间的界面。

在成核过程中，由于前驱体分子的扩散和反应而继续生长，如果表面反应决定生长过程，则生长速率可用式（1-7）表示[55]：

$$\frac{\mathrm{d}r}{\mathrm{d}t} = kv(C_b - C_r) \tag{1-7}$$

式中，r 是形核颗粒的半径；k 表示表面反应速率常数；C_b 和 C_r 分别是颗粒本体和表面的溶液浓度。如果前体分子的扩散是速率限制过程，则生长速率可由式（1-8）表示：

$$\frac{\mathrm{d}r}{\mathrm{d}t} = \frac{Dv}{r}(C_b - C_r) \tag{1-8}$$

式中，D 是前体分子的扩散系数。

在追求高性能的 PSCs 的研发过程中，研究者们已经实施了多种策略以提升其性能。这些策略包括但不限于从 DSSC 到平面薄膜器件的转变、混合钙钛矿光活性材料的制备、工艺条件的优化，以及采用各种不同的电子传输材料（ETM）和空穴传输材料（HTM）。此外，PSCs 的制造技术是决定高质量钙钛矿薄膜形成的关键因素。尽管溶液法因其简便性和低成本而在实验室规模制备中颇受欢迎，但在大面积器件生产方面的应用则面临限制。在传统的溶液处理法中，钙钛矿膜的制备通常分为一步旋涂法和两步旋涂法，以沉积 $MAPbI_3$ 钙钛矿为例。

采用一步旋涂法时，先将甲基碘化铵（MAI）和 PbI_2 溶解在适当的溶剂中，如极性非质子溶剂 N,N-二甲基甲酰胺（DMF）、γ-丁内酯（GBL）或二甲基亚砜（DMSO），然后将此溶液用于旋涂过程。在此过程中，常结合反溶剂技术，并在旋涂后进行必要的干燥和退火处理，如图 1-9（a）所示。精确控制一步旋涂法中的实验参数对于获得高品质的钙钛矿薄膜至关重要。

采用两步旋涂法时，首先在基底上旋涂一层 PbI_2 溶液，随后在 PbI_2 层之上再旋涂一层溶于 MAI 的异丙醇（IPA）溶液。通过调节前体的浓度、浸涂或旋涂的时间，以及沉积有机或无机卤化物前体的旋涂速率，可以有效控制薄膜的表面形貌和质量。与一步旋涂法相比，两步旋涂法得到的薄膜形貌更佳，从而展现出更优异的光电特性。这凸显了对钙钛矿薄膜形貌控制的极端重要性，对于实现高效能 PSCs 是必不可少的，如图 1-9（b）所示。

（a）一步旋涂法　　　　　　　　　（b）两步旋涂法

（c）蒸汽辅助溶液法　　　　　　　（d）气相沉积法

图 1-9　制备 $MAPbI_3$ 膜工艺示意图[17]

蒸汽辅助溶液法是对两步旋涂法的改进，它提高了前驱体溶液的渗透性，从而更好地控制薄膜形态和晶粒尺寸，并有效避免液固相互作用过程中可能发生的薄膜分层。在具体实践中，两步旋涂法的第二步的 MAI 通过气相沉积技术引入，而不是溶液处理，如图 1-9（c）所示。例如，Chen 等人[56]报道了一种低温蒸汽辅助溶液工艺制备 PSCs，其钙钛矿薄膜具有较全的表面覆盖和高达微米级晶粒尺寸，最终基于所制备的薄膜器件实现了 12.1% 的 PCE。这种方法避免了有机物和无机物的共沉积，利用 MAI 的动力学反应性和钙钛矿的热力学稳定性。蒸汽辅助溶液法的缺点是气固反应需要较长时间才能促进完全转化，且制备的器件效率偏低。

气相沉积法已经被广泛用于沉积高质量的薄膜。Liu 等人[57]基于气相沉积法率先制备出了平面异质结 PSCs。气相沉积法通常分为顺序气相沉积和共蒸发。与溶液法处理制备的钙钛矿膜不完全表面覆盖相比，气相沉积的钙钛矿层还能较好的保型覆盖底层[58]，如图 1-9（d）所示。气相沉积的缺点是需要在沉积过程中精确控制温度。

除了上述方法，其他的一些薄膜沉积方法，如刮刀法、狭缝涂布法和丝网印刷法等也已被用于制造钙钛矿器件。这些方法的优势是可以大规模制造。然而，由于在控制膜形态和组分均匀性方面具有挑战，目前通过这些方法制备的器件效率仍然低于常规方法。

1.2.5 影响钙钛矿器件稳定性的因素

与其他现有光伏电池相比，PSCs 在过去 10 年中效率有了一些提高。然而，PSCs 的寿命低于普通光伏电池所需的 25 年要求。PSCs 器件的不稳定性阻碍了其商业化进程。值得注意的是，PSCs 的稳定性受到多种因素的影响。这表明有必要进一步深入研究 PSCs，以构建功能齐全、稳定的 PSCs 器件。

（1）钙钛矿的结构稳定性。

如前所述，钙钛矿晶体结构的稳定性使用 Gold-schmidt 容差因子 t 来确定。立方相 α 是最稳定的晶体结构，其次是四方相 β，最不稳定的晶体结构是正交相 γ。除此之外，进一步的研究表明，晶体结构的稳定性也受到温度和压力变化的影响。在研究温度对钙钛矿晶体结构影响的研究中，Cojocaru[59]报道了 MAPbI$_3$ 在高于 55 ℃的温度下从四方向立方的相变。样品温度的升高会影响晶体形状，钛矿衍射峰随着温度的升高而向较低的衍射角移动，观察到的 XRD 峰的移动表明晶格的重排。在另一项研究中，Gratzel 等人[60]报道了 FAPbI$_3$ 比 MAPbI$_3$ 具有更高的热稳定性，因为它在 150 ℃的高温下才发生了从四方向立方相变。

（2）器件中的离子迁移。

钙钛矿中高缺陷密度产生高离子密度（高达 10^{17} cm^{-3}）[61]，并提供离子通过晶格沿晶界迁移的途径。卤化物阴离子的迁移能低于阳离子或金属离子，这是卤化物漂移被认为同时充当电子和离子导体的原因。在电场的作用下，正电荷缺陷和负电荷缺陷分别迁移到空穴传输层和电子传输层的界面，引起电场屏蔽效应，潜在地阻碍了电荷的提取。表面和晶界作为高缺陷浓度区域已被证明是离子迁移的主要通道。根据计算，卤化物缺陷迁移速度比 A 位阳离子快。照明降低了缺陷迁移的激活能，并且还被认为在通过光生空穴氧化碘化物后引入了额外的碘空位。随后的碘流失可能导致材料的永久性降解。此外，通过间隙杂质，如 Na$^+$ 和 Li$^+$，离子已被证明可以迁移。电流密度-电压滞后通常与离子迁移相关，也被用来解释在照明下混合卤化物钙钛矿的相分离。迁移的碘进一步会与 Spiro-OMeTAD 或金属电极反应，降低电导率。

（3）环境因素。

钙钛矿 ABX$_3$ 材料在环境条件下具有化学活性。在发生一系列化学反应后，可以将 ABX$_3$ 材料缓慢分解为其成分和额外的副产物。下面以 MAPbI$_3$ 的化学反应为例，其示意了由紫外线辐射和水分引发钙钛矿可能的降解过程，见反应式（1-9）至（1-15）。水分通过溶解有机阳离子（MA$^+$）分解钙钛矿层，产生 PbI$_2$ 和 HI。这种降解机制是一个不可逆的过程，因为氧气和紫外线辐射的存在会进一步分解氢碘酸（HI），产生水（H$_2$O）、氢（H$_2$）和碘（I$_2$）等副产物。

$$CH_3NH_3PbI_3(s) \leftrightarrow PbI_2(s) + CH_3NH_3I(aq) \tag{1-9}$$

$$CH_3NH_3I(aq) \leftrightarrow CH_3NH_2(aq) + HI(aq) \qquad (1\text{-}10)$$

$$2HI(aq) + O_2 \leftrightarrow 2I_2 + 2H_2O(I) \qquad (1\text{-}11)$$

$$2HI(aq) \leftrightarrow H_2(g) + I_2(s) \qquad (1\text{-}12)$$

$$CH_3NH_3PbI_3(s) \leftrightarrow PbI_2(s) + CH_3NH_2 \uparrow + HI \uparrow \qquad (1\text{-}13)$$

$$2I^- \leftrightarrow I_2 + 2e^- \qquad (1\text{-}14)$$

$$3CH_3NH_3^+ \leftrightarrow 3CH_3NH_2 \uparrow + 3H^+ \qquad (1\text{-}15)$$

Shirayama 等人[62]观察到，在相对湿度仅为40%的条件中，MAPbI$_3$钙钛矿材料会快速发生分解。这一现象出现的原因主要是具有挥发性的有机 MAI 阳离子从材料中脱离，导致 PbI$_2$ 相的形成；或者是水分子与吸收层中的 N-H 键发生相互作用，导致钙钛矿结构的变形和相变，从而形成了钙钛矿的水合物相。Yang 等人[63]在其研究中也提出了一个相似的观点，他们认为选用合适的疏水性 HTM 可以在一定程度上稳定钙钛矿层并减缓其降解过程。然而，这种方法对抑制钙钛矿分解的作用也仅是轻微的。为了提高钙钛矿材料的环境稳定性，研究者们正在探索各种方法来抑制这些分解过程，包括改善材料制备工艺、开发新的组分和添加剂，以及优化器件的封装技术。

1.2.6 钙钛矿太阳能电池的研究进展

自从 PSCs 最初被报道具有3.8%的能量转换效率以来，十余年的研究使其最新验证效率提升至26.1%，这一跃进不仅彰显了其卓越的技术潜力，而且展现了其在商业领域的广阔前景，其中一些里程碑的研究如下。

2009年，日本科学家 Miyasaka 等人[64]在进行 DSSC 研究时，创新性地采用钙钛矿分子(如 MAPbBr$_3$ 和 MAPbI$_3$)替代了传统有机染料分子。在当时的实验中，研究团队选用了 I^{3-}/I$^-$ 作为液态电解质，并在模拟太阳光照射下获得了3.1%和3.8%的 PCE，如图1-10所示。这一发现揭示了碘化物和溴化物基钙钛矿在性能上的差异，为通过 ABX$_3$ 型设计有机-无机杂化钙钛

矿材料提供了重要的启示和动力。Miyasaka 等人的这项开创性研究，不仅开启了钙钛矿材料在光伏领域应用的新篇章，而且为后续开发混合卤素、混合阳离子、全有机、全无机钙钛矿材料的研究奠定了坚实的基础。自此以后，钙钛矿材料在太阳能光电转换领域的潜力得到了广泛认可，并成为了科研界关注的焦点。

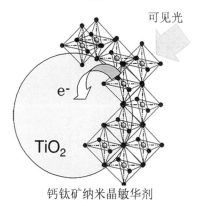
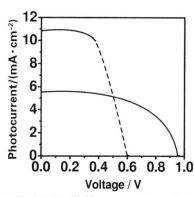

（a）钙钛矿吸附和载流子传输示意图　　（b）基于钙钛矿染料的 DSSC 的 J-V 曲线图

图 1-10　使用 MAPbBr$_3$和 MAPbI$_3$作为 DSSC 中的染料分子[64]

2011 年的一项研究[65]指出通过优化 TiO$_2$薄膜的厚度，可以在基于钙钛矿量子点的 DSSC 中获得 6.5% 的 PCE。然而，这项研究也揭示了一个关键问题，即钙钛矿量子点在光照条件下会逐渐溶解于氧化还原电解质中，导致电池的稳定性仅能维持 10 min，之后便迅速降解。为了克服这一挑战并提升电池的效率，2012 年有研究者[18]采纳了一种新的策略，通过使用固态空穴传输材料代替液体电解质引起的缺点，报道了在钙钛矿敏化太阳能电池器件中使用固体 Spiro-OMeTAD 作为空穴传输材料，并获得了接近 10% PCE 的固态 PSCs 器件，产生超过 17 mA/cm^{2}的大短路电流密度（J_{sc}）、0.888 V 的 V_{oc} 和 0.62 的填充因子（FF），如图 1-11 所示。同时，该工作还对比了 Al$_2$O$_3$和 TiO$_2$作为介孔层的差异，发现 Al$_2$O$_3$介孔层填充可以提供钙钛矿和 HTM 之间更好的接触。

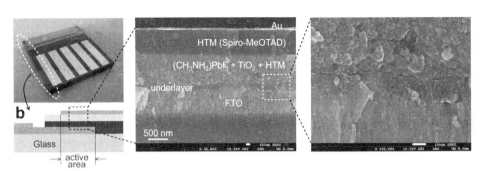

图 1-11　首个全固态 PSCs 器件及其横截面 SEM[18]

2012 年，有研究者通过使用绝缘 Al_2O_3 代替介孔 n 型 TiO_2[19]，观察到在 Al_2O_3 介孔层中的电子传输效率超过了 TiO_2 介孔层的。这一发现证明了钙钛矿材料具有双极性电荷传输能力，同时将 PCE 进一步提升至 10.9%。基于前面的基础，后续的研究报告[66]提出了去除传统介孔层的方法，直接采用绝缘多孔 Al_2O_3 薄膜直接代替 TiO_2 电子传输层，从而使得 PSCs 的电池结构可以转为平面异质结构，为 PSCs 领域快速发展奠定坚实基础。

为了更好地控制钙钛矿形貌，2013 年有研究报道了[67]通过顺序两步法制备钙钛矿吸光层(首先将 PbI_2 引入多孔 TiO_2 层上，随后将其浸入甲基碘化铵溶液中，最后通过后退火转化为钙钛矿)可以将器件的 PCE 值提升至 15.0%。同年，有研究报道可以使用双源气相沉积[57]来制备钙钛矿薄膜，并使用致密 TiO_2 层作为电子传输层的平面异质结钙钛矿，能够使简化的钙钛矿器件结构实现高达 15.4% 的 PCE，如图 1-12 所示。这些成果为 PSCs 领域带来了新的研究热潮。

2015 年，有研究者报道了一种基于分子内的交换策略[68]：通过嵌入 PbI_2 无机框架中的 DMSO 分子配位形成中间相，然后中间相与 FAI 发生取代反应，从而制备出了均匀致密的 $FAPbI_3$ 膜。最终，利用这种延缓结晶策略在国际上首次制备出突破 20% PCE 的 $FAPbI_3$ 基 PSCs。接着，2016 年[69]另有研究者报道通过制备基于三元阳离子的 PSCs(通过将少量无机阳离子 Cs^+ 引入到 MA/FA 体系中)最终使得 PCE 进一步突破到 21.1%。重要的是，研究发现这种三元阳离子体系具备较高的稳定性，即使在室温下光照操作 250 h 后，PSC 也能保留约 18% 的效率，如图 1-13 所示。

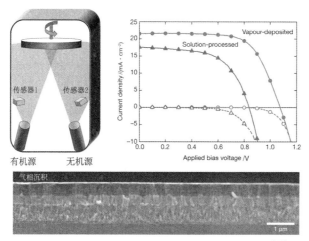

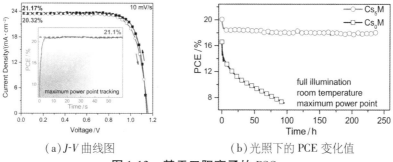

图 1-12   采用双源气相沉积制备的 PSCs 器件[57]

(a) *J-V* 曲线图   (b) 光照下的 PCE 变化值

图 1-13   基于三阳离子的 PSCs

2017 年[70]，有研究小组提出采用市面上出售的 SnO_2 胶体溶液来代替传统的 TiO_2 电子传输层，最终获得了低温溶液处理的平面 PSCs，其最高认证效率为 21.1%。尽管效率得到进一步提升，但研究者们逐步意识到在低温溶液中生长的钙钛矿薄膜表面存在大量的缺陷陷阱。因此，在 2019 年有研究者报道了一种有效的表面缺陷钝化方法，即采用有机卤化物盐苯乙基碘化铵(PEAI)进行表面钝化处理(图 1-14)。这种方法是通过减少缺陷和抑制非辐射复合，最终在 1.53 eV 带隙下获得了 1.18 V 的 V_{OC}，达到了 Shockley-Queisser(S-Q)极限的 94.4%[71]。此外，其认证 PCE 高达 23.32%。至此，PSCs 领域的缺陷钝化研究受到更多人的关注。

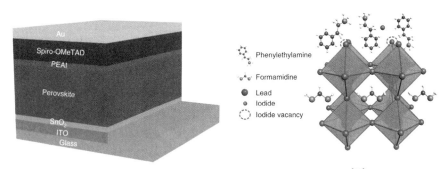

Phenylethylamine
Formamidine
Lead
Iodide
Iodide vacancy

图 1-14 采用 PEAI 进行表面钝化处理的示意图[71]

除了效率持续提升外，PSCs 的稳定性对于未来商业化也至关重要。常用的空穴传输材料稳定性较差，特别是湿度稳定性。因此，2020 年有研究者报道了一种氟(F)官能化的 Spiro-OMeTAD 材料[72]。在这篇研究中，通过实验和理论分析详细研究了氟化异构体结构和器件性能关系，发现改性后的器件在没有封装的潮湿条件下具有优异的长期稳定性，在 500 h 后 PCE 保持率为 87%，认证 PCE 也高达 24.64%。

2021 年，通过在纯 FAPbI$_3$ 基钙钛矿中引入阴离子工程[73]，即采用伪卤素阴离子甲酸盐(HCOO$^-$)来抑制晶界和钙钛矿膜表面的空位缺陷，并显著提升了钙钛矿膜的结晶度，最终认证 PCE 高达 25.2%。同年，韩国一课题组开始系统研究利用化学浴沉积(CBD)法制备 SnO$_2$ ETL，并通过严格控制制备过程的实验参数成功获得均匀致密且完全保型覆盖导电衬底(图 1-15)，最终使认证的准稳态 PCE 为 25.2%[74]。至此，韩国学术界几乎都用 CBD 法制备 SnO$_2$ 以替代传统市售 SnO$_2$ 胶体旋涂的方法。

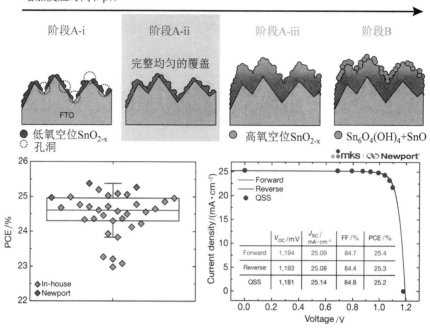

图 1-15　基于 CBD 法制备 SnO$_2$ 电子传输层 PSCs 电池[74]

　　同年，除了对 ETL 层进行系统优化之外，研究者们也开始关注埋底界面的性质。一个关键的研究发现是，在 ETL 层和钙钛矿层之间形成一个相干界面可以显著减少埋藏界面处的深能级缺陷[75]。这种相干界面的实现是通过将氯（Cl）键合的二氧化锡（SnO$_2$）与含有氯的钙钛矿前体偶联来实现的。得益于埋底界面缺陷的减少和载流子提取能力的改善，这种界面工程使得 PSCs 的 PCE 得到了显著提升。最终，这种优化后的 PSCs 实现了高达 25.5% 的认证 PCE。

　　在 PSCs 的制备过程中掺入一部分过量的 PbI$_2$ 可以对最终的器件 PCE 有一定积极影响，但是同时会对器件的稳定性产生不利影响，且还会导致器件正反向扫描的迟滞现象。因此在 2022 年，有研究报道了用两步旋涂法制备钙钛矿时引入 RbCl 掺杂[76]，通过将额外的 PbI$_2$ 转化为非活性（PbI$_2$）$_2$RbCl 化合物，有效地稳定了钙钛矿相，最终获得了 25.6% 的认证 PCE，而且还提升了器件光热稳定性。这也是目前国内经 NREL 认证的最高效率。

2023 年，Seok[77] 课题组报道了他们的最新研究工作，采用烷基氯化铵的组合策略控制钙钛矿薄膜结晶过程。他们发现在传统的氯化甲基胺（MACl）的基础上添加较短烷基链的丙基氯化铵（PACl）和丁基氯化铵（BACl）可以促进 α-FAPbI$_3$ 的择优生长和可控结晶。最终获得了 26.08% 的 PCE，最终认证 PCE 为 25.73%。这是目前正式器件的最高认证值（经 NREL 认证）。

PSCs 经过十几年的快速发展，在效率和制造成本方面比有机和聚合物型太阳能电池有更大的发展潜力。基于反式器件的最新认证效率高达 26.14%，这一成果由美国西北大学联合加拿大多伦多大学的 Sargent 研究团队共同报道。然而，PSCs 要想实现商业化，其性能的稳定性与持久性仍然需要进一步的提升。

1.3 钙钛矿太阳能电池的界面缺陷钝化

PSCs 通过堆叠阳极/阴极层、载流子传输层和钙钛矿吸光层，从而形成多界面的体系。这些界面不仅决定了后沉积材料的覆盖率、均匀性和结晶度，而且通过调节器件中的缺陷密度和电场强烈地影响电荷的提取、注入、输运和复合。钙钛矿可溶液制备是其优势之一，然而在相对低的温度下通过快速成核和结晶制备的钙钛矿多晶膜也不可避免地存在固有缺陷，如空位、间隙和反位缺陷等[78]。这些晶体学缺陷导致钙钛矿太阳能电池中局部电子态的形成，其能级与载流子传输层不同，因此可以作为捕获光生载流子的陷阱，严重影响 PSCs 的效率。幸运的是，钙钛矿的离子性质提供了一种通过配位或离子键合来钝化陷阱缺陷的有效方法。钝化在物理化学中的概念是使材料表面由"主动状态"（active state）到"被动状态"（passive state）的转变。这通常被称为化学钝化，缺陷钝化消除了深能级缺陷的电荷捕获，抑制了浅能级缺陷的迁移，减少钙钛矿材料缺陷以提高钙钛矿固有稳健性和运行稳定性。除此之外，场效应钝化、物理钝化和能量钝化也被提出用于钝化钙钛矿界面缺陷，如图 1-16 所示。

尽管理论预测钙钛矿材料具有较高的缺陷容忍度，且大多数体缺陷都是浅能级缺陷，但在界面处的缺陷是不同的。研究发现钙钛矿薄膜界面缺陷数量比本体缺陷数量高出两个数量级，且这些缺陷大多是深能级缺陷。通常，深能级缺陷可捕获电子或空穴，被缺陷俘获的电子或空穴即使在热激活的情况下也很难逃逸。在钙钛矿晶界或表面上，导致深能级缺陷的主要缺陷包括未配位的 Pb^{2+} 离子、Pb 团簇、卤化物离子空位，以及本征点缺陷(如 Pb-I 反位缺陷)等。一些缺陷类型，如碘空位缺陷，在体相中是良性的，然而在界面处的碘空位缺陷却会转变为载流子复合中心。考虑到界面处复杂的化学环境，界面缺陷情况可能会更糟糕。因此，适当的缺陷管理对于实现商业化 PSCs 所需的效率和稳定性至关重要。

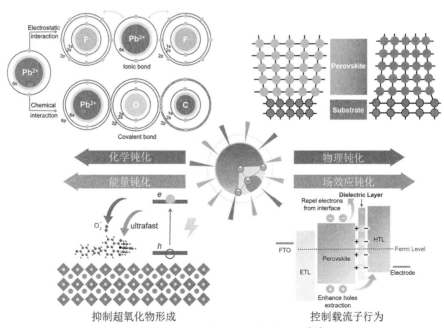

图 1-16   PSCs 缺陷钝化策略示例[79]

1.3.1 化学钝化

化学钝化策略是通过化学键合来钝化缺陷，可以通过离子交换或涂覆额外的钝化层来完成。例如，与配位不足的金属阳离子或卤化物阴离子形成共价键和离子键，从而使电子效应或者化学活性失活，进一步抑制不希望出现的非辐射复合和离子迁移[80]。共价键是指两原子之间通过共享电子对形成的相互作用，而离子键则是阳、阴离子之间通过静电相互作用形成的。此外还有一种非共价相互作用，如卤素键和氢键，也可以用来减少钙钛矿中的缺陷[81,82]。这些分子间的相互作用通常伴随着化学键的形成，进一步提高了化学钝化的有效性，如图1-17所示。

在钙钛矿材料的缺陷钝化中，路易斯酸/碱钝化剂是一类重要的材料。这种钝化剂主要针对的是钙钛矿材料中的带电缺陷[83]。路易斯酸钝化剂是指可以接受电子的分子，能够钝化钙钛矿中富电子缺陷。例如，氟取代芳环结构的路易斯酸被用于化学钝化配位不足的卤化物阴离子。其中，碘五氟苯(IPFB)是第一个被研究的具有这种结构的路易斯酸，通过形成超分子卤键络合作用(非共价)成功钝化欠配位碘离子缺陷[81,84]。基于此结构改性的三(五氟苯基)膦(TPFP)型路易斯酸，每个氟取代的苯环都具有与IPFB相似的结构。它们由于具有强电负性的氟原子，在中心磷原子处形成了更强的正电荷中心[85]。因此，通过路易斯酸碱加合作用接受来自配位不足的 I^- 和 I_{Pb} 反位缺陷的电子，而不是卤素键合。氟原子的强电负性还会导致疏水性，增强器件的水分稳定性。

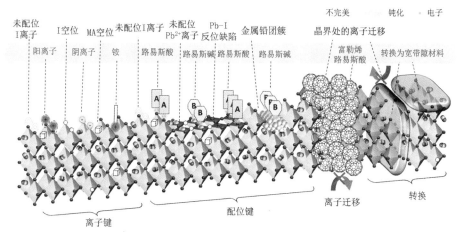

未配位 I离子　I空位　MA空位　未配位I离子　未配位 Pb-I 金属铅团簇　不完美　钝化　电子
阳离子　阴离子　铵　路易斯酸　Pb²⁺离子　反位缺陷　晶界处的离子迁移
　　　　　　　　　　　　　　　路易斯碱　路易斯酸　路易斯碱　富勒烯　转换为宽带隙材料
　　　　　　　　　　　　　　　　　　　　　　　　　　　　　路易斯酸

离子迁移　　转换

离子键　　　　配位键

图 1-17　通过离子键合、配位键合和宽带隙材料转化的化学钝化[83]

路易斯碱钝化剂被定义为具有孤对电子供体，如羰基（C ＝O）、亚砜（S ＝O）、磷酸盐（P ＝O）和氰基（C ＝N）。这些非键合电子对可以与 Pb^{2+}/Pb_I 反位缺陷配位并钝化铅簇。钙钛矿领域最常见的路易斯碱钝化剂是噻吩和吡啶，其吡啶上的氮原子或噻吩硫原子为配位不足的 Pb^{2+} 提供了额外的电子对，并减少钙钛矿中的非辐射复合。已经开发了大量含有路易斯碱的钝化剂用于 PSCs 缺陷钝化，如 1,1-二氰基亚甲基-3-茚酮（π-共轭路易斯碱）[86]、尿素（小分子）[87]、聚（乙酸乙烯酯）（PVA，聚合物）[88]等。

由于钙钛矿的缺陷类型及其分布比较复杂，大多数情况带正电和负电的缺陷会同时出现，并会随时间而扩散，这可解释为钙钛矿膜退火后不一定立刻达到热力学稳定状态。因此，可以考虑同时应用路易斯酸碱的组合钝化策略[89]或者应用两性离子钝化剂。两性离子分子具有空间电负性分离区域，能自适应选择性钝化。例如，将路易斯碱基团和质子化官能团（如—OH 和—NH）结合在同一个分子中实现[90,91]。

除此之外，卤化铵（伯、仲、叔和季）盐也是钙钛矿领域常用的钝化剂。用于钝化缺陷的卤化铵盐的通式可以被描述为具有铵（R—NH_3^+）功能基团的阳离子。通常认为，大多数卤化铵盐的长烷基链可以结合钙钛矿晶格的 A 位，然后达到缺陷钝化的效果，并根据碳链长度有可能转化为低维钙钛矿材料。低维钙钛矿的形成可以增强在不同环境下的稳定性，通过抑制晶界处的离子迁移来减少迟滞。长烷烃铵盐[如乙基铵（EA$^+$）[92]、丁基铵（BA$^+$）[36]、辛基铵（OA$^+$）和胍（Gua$^+$）]、芳香胺（如萘甲基胺（NMA$^+$）、苯乙基铵（PEA$^+$）[93]和咪唑鎓卤化物（ImI$^+$）容易形成低维钙钛矿。同时，在某些条件下（如不退火），它们中的一些能保持原始卤化物铵盐的形式，作为A位和/或卤化物空位的钝化材料，而不会形成低维钙钛矿层。

1.3.2 场效应钝化

回顾硅太阳能电池的发展，场效应钝化（FEP）是继铝背场技术（BSF）之后的一个重要钝化策略。钙钛矿中的FEP实际上是钙钛矿层和电荷传输层的界面处正负电荷布局虚拟失衡，表现为在界面处排斥少数载流子，防止复合。它还为多数载流子传输提供了低接触电阻[94,95]。在钙钛矿领域，通常通过以下两种方法实现界面的FEP：①在钙钛矿和传输层界面引入高W_F的介电膜，其产生的界面偶极子选择性地从界面排斥或分离载流子，从而防止光生载流子在有源区中复合；②在界面引入修饰材料，以改变钙钛矿层的W_F，从而提供真空能级弯曲，因为合适的真空能级排列可以避免有害电荷积累。

SiO$_2$、Al$_2$O$_3$等金属氧化物是硅太阳能电池FEP的传统材料。这些超薄膜电介质通过选择性地阻挡少数载流子，实现对FEP的贡献；或者它们通过消除与硅表面悬挂键相关的亚带隙态，达到化学钝化的效果。然而，在PSCs中不太适用，因为钙钛矿材料无法承受制备这些传统电介质所需的高温和湿度。为了解决这一难题，研究人员在钙钛矿层与空穴传输层之间低温制备了具有较高W_F的MoO$_X$介电层[94]。由于钙钛矿（-4.7 eV）和MoO$_X$（-5.5 eV）之间的显著W_F差异，会驱动电子从钙钛矿迁移到MoO$_X$，以平衡费米能级。这种迁移导致了界面处的极化现象，并增强了器件的内部建电场。结果是电子在界面处被排斥，远离界面区域，从而减少了载流子的复合。最终，大幅提高了器件的V_{OC}，如图1-18(a)所示。

此外，其他具有较高工作函数的金属氧化物，如 VO_x 和 WO_x，也可以通过形成介电层来诱导 FEP。但是，为了避免 ALD 过程中水循环可能带来的破坏性影响，还需要对这些工艺条件进行更深入的研究。

另外，常用的有机极性分子也被证实具有 FEP 能力。这是由于分子或某些特定官能团内不同部分的电负性差异，有机极性分子钝化剂通常伴随着化学钝化，从而能够进一步提高器件稳定性和效率。例如，有研究报道 NMA^+ 的偶极效应降低表面复合速度以实现 $FEP^{[93]}$，NMAI 还通过化学钝化减少了钙钛矿表面的缺陷辅助复合。这些综合效应导致了显著抑制的非辐射复合，最大 V_{OC} 高达 1.20 V，如图 1-18(b)所示。

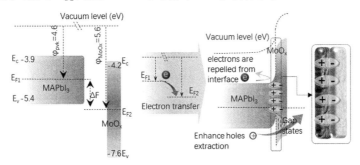

(a)使用金属氧化物 MoO_x 诱导界面极化增强界面内建电场[94]

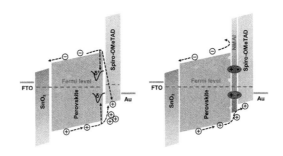

(b)使用有机铵盐 NMAI 分子与带负电离子缺陷相互作用并形成界面偶极子(其负端朝向 HTL)[93]

图 1-18 场效应钝化示意图

通过调整钙钛矿层的 W_F 来抑制不期望的界面行为以实现 FEP，是一种被证实有效却常常被忽视的界面钝化策略。到目前为止，在 PSCs 中引入 FEP 的几个问题仍有待解决，包括适当的材料选择、实现方法、由此带来的性能提升，以及背后的工作机制等。

1.3.3 其他钝化策略

其他钝化策略还包括物理钝化和能量钝化等，这两种钝化策略在 PSCs 中不常用，因此本书仅作简要介绍。物理钝化是一种从物理角度减少钙钛矿材料中缺陷的策略，其最终实现的钝化效果与化学钝化相似。然而，物理钝化可以不受特定钙钛矿成分和器件结构的限制。物理钝化主要的实施方法包括应变弛豫、热退火处理和表面抛光处理等[96]，如图 1-19(a) 至图 1-19(c)所示。由于避免了化学钝化可能会添加潜在的有害化学试剂，大多数物理钝化策略还是及时有效的，可以与 PSCs 和模块规模化兼容。

Gao 团队[97]提出了称为"能量钝化"的策略，这是通过防止钙钛矿层在光照下受到激发氧的破坏，从而提高吸收体的光/氧稳定性。虽然封装可以限制氧气接触，但封装老化可能导致氧气渗透，仍然会形成有害的光氧环境。能量钝化策略通过引入的钝化剂产生的中间态，在氧之前优先捕获光激发的电子，从而有效避免光激发超氧自由基(O^{2-})的产生。其中，活性超氧自由基 O^{2-} 在暴露于光和氧时，通过与有机阳离子反应引发钙钛矿层的降解。当 O^{2-} 进一步还原为过氧化物(O_2^{2-})时，这种降解会进一步加速，如图 1-19(d)所示。这一内在保护机制对抗光氧诱导的退化至关重要，需进一步理论与实验探究。

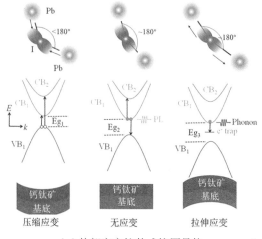

(a)外部应变拉伸或挤压晶格

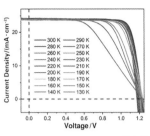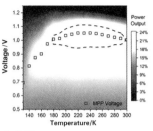

（b）热退火处理

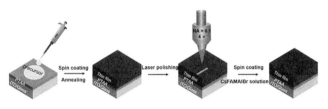

（c）抛光处理

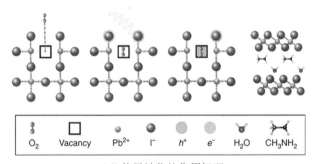

（d）能量钝化的作用机理

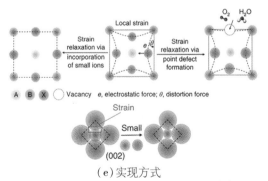

（e）实现方式

图 1-19　物理钝化和能量钝化策略[79]

1.3.4 界面钝化存在的科学问题和难点

由于钙钛矿前驱体较快的成核和结晶速度，低温溶液制备的 PSCs 不可避免地含有大量的缺陷，尤其集中在钙钛矿薄膜的晶界和表面区域。为了提升 PSCs 的效率和稳定性，开发高效的界面钝化技术显得尤为关键。迄今为止，利用有机卤化铵盐、路易斯酸、路易斯碱，以及多功能分子进行界面钝化的研究层出不穷，这些材料通过形成的离子键、配位键及超分子卤键等相互作用，显著提升了器件的性能。尽管如此，界面钝化仍面临一些科学问题和挑战。首先，对界面钝化机制的基本理解尚不充分。常用的有机卤化铵盐是一类具有正负电荷的介电材料，它们不仅通过化学键合提供化学钝化作用，还通过诱导偶极场效应对器件 V_{oc} 产生影响。然而，考虑到只有定向的偶极矩才有助于 V_{oc} 的提升，目前对这两种增强机制还缺乏深入的定量理解。其次，钙钛矿材料的表面和界面存在大量复杂的缺陷态，如悬空键、空位和杂质等，这些缺陷能捕获载流子并引发非辐射复合，从而降低器件的效率和稳定性。目前，相关领域内的大多数界面钝化方法难以同时调制复杂的界面缺陷问题，急需探索具有较强适应性的钝化策略。因此，深化对钝化机制的理解，指导未来分子设计，以及采用互补添加剂的组合实现协同钝化，对于推动 PSCs 的发展至关重要。

1.4 本书的研究工作和结构安排

PSCs 作为典型的多层堆叠结构，采用低温溶液的制备方法会让钙钛矿薄膜不可避免地含有大量的缺陷。尽管理论上预测钙钛矿具有较高的缺陷容忍度，但在钙钛矿与电荷传输层界面处的缺陷往往是深能级缺陷，且表面缺陷密度可能比体内缺陷高出两个数量级以上[75]。这些缺陷为载流子提供了非辐射复合的途径，并且还加速了 PSCs 在水分、光照和氧气作用下的降解过程。因此，采用表面钝化处理以抑制钙钛矿膜中的缺陷态是相关领域的一个重要研究主题。基于此背景，本书展开了以下三个主要方向的研究工作。

（1）使用常见的有机铵盐 PMAI 作为界面钝化剂，论证了其提升器件 V_{oc} 的机制。在本书中，首先引入了一种混合溶剂（异丙醇 IPA 和甲苯 TL）辅助后处理策略，有效避免了由 PMAI 钝化引起的钙钛矿薄膜表面维度变化（即从三维结构转变为二维结构）。通过实验验证和载流子密度模拟，揭示了 PMAI 处理提升器件 V_{oc} 的机制。其中，PMA$^+$ 诱导的 FEP 提高了空穴-准费米能级分裂，是器件 V_{oc} 改善的主要原因。（见第三章）

（2）开发了双分子竞争吸附策略，通过同时将 PMAI 和辛基碘化铵（OAI）作为共钝化剂，克服了单一钝化剂的局限。尽管混合溶剂策略可以减轻大阳离子表面钝化带来的维度改变问题，但是考虑到混合溶剂中 TL 的毒性，因此提出了一种新颖的双分子表面钝化策略。该策略充分利用了钝化剂分子动力学竞争吸附效应，即采用芳香族 PMAI 和脂肪族 OAI 混合后处理，不仅能有效抑制表面低维相生成，而且能最小化钙钛矿缺陷密度和优化界面能级排列，提升了单结器件的效率和稳定性。（见第四章）

（3）受前面工作启发，将双分子竞争吸附策略扩展应用到 WBG PSCs，研究了一种 WBG 钙钛矿组分工程和双分子协同钝化的策略。其中，界面钝化处理同时利用了化学钝化和场效应钝化组合。通过合理的分子设计，将第四章中的脂肪单铵盐替换成含双铵的 1,3-丙二胺氢碘酸盐（PDAI），显著增强了钝化分子的化学锚定效果；同时在芳香胺盐分子对位引入-CF$_3$基团，提升钝化分子的抗湿能力；此外还系统研究了芳香胺盐中的碳链长度对器件性能的影响，即 4-三氟甲基苯胺碘（CF$_3$PAI）和 4-三氟甲基苯甲胺碘（CF$_3$PMAI）的差别。通过这种双分子组合钝化策略在反式 WBG PSCs 里获得了显著提升的 V_{oc}。（见第五章）

1.4.1 本书的技术路线

本书的技术路线如图 1-20 所示。

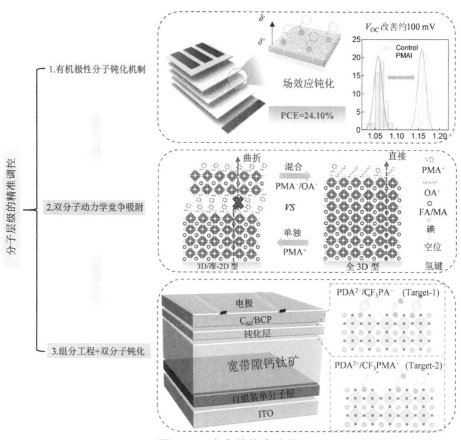

图 1-20　本书的技术路线

1.4.2 本书的主要创新点

本书着重围绕 PSCs 中的相关界面展开研究，通过分子层级的精准调控抑制界面处的非辐射复合损失，优化界面能级匹配，提升界面载流子传输效率等。本书的主要创新点如下。

（1）揭示了有机极性分子表面钝化改善器件开路电压的底层机制。

采用有机铵盐的表面钝化是抑制界面缺陷密度最重要的策略之一，从而可以提高器件的 V_{OC}。然而，考虑到铵盐嵌入的偶极分子也可以减少 V_{OC} 损失，这种极性分子对器件性能增强的影响仍然存在较大争议。本书通过对载流子密度的模拟和定量分析，定量揭示了有机极性分子 PMAI 钝化增强器件 V_{OC} 的潜在机制。研究发现 PMA$^+$ 诱导的 FEP 使空穴 QFLS 增加，是提升器件 V_{OC} 的主要原因。最终，在两步法制备的 PSCs 中获得了 1.175 V 的高 V_{OC} 和 24.1% 的 PCE。（见第三章）

（2）提出了一种界面后处理钝化的双分子动力学竞争吸附策略。

针对有机铵盐大阳离子表面钝化易导致薄膜维度发生转变（由三维结构转变为二维结构）从而限制载流子跨界面传输的通性问题，本书创新性地提出了利用 PMAI 和 OAI 在钙钛矿膜表面的吸附能力差异，通过合理调控这两种铵盐的吸附过程，实现有效的表面钝化，而不会引起不利的维度转变。通过理论计算和实验验证，揭示了界面双分子钝化中的动力学竞争吸附机制。最终使得制备的单结 PSCs 效率高达 25.23%（认证值为 25.0%），其中相应的柔性 PSCs 的 PCE 也高达 23.52%。（见第四章）

（3）提出了 WBG 钙钛矿组分工程和双分子界面钝化协同调控策略。

针对 WBG 钙钛矿相稳定性差、膜表面缺陷密度大、界面能级不匹配等问题，本书提出了采用三卤素组分工程和界面双分子钝化相结合的协同调控 WBG 钙钛矿的策略。利用阴离子合金化缓释晶格应力，提高离子迁移势垒。此外，双分子界面工程通过化学钝化和场效应钝化协同降低载流子非辐射复合损失，改善界面能级匹配，最终实现了高效、稳定的 WBG PSCs，并在 1.69 eV 带隙下获得了 1.286 V 的高 V_{OC} 和 21.96% 的 PCE。本书不仅为高效稳定的 WBG PSCs 的制备提供了新的策略，同时也为理解和控制钙钛矿太阳能电池中的界面缺陷提供了见解。（见第五章）

第二章

实验制备方法及表征

2.1 实验材料

本书使用的实验试剂和材料见下表 2-1 所列，且试剂均没有二次提纯而直接使用。

表 2-1　本书使用的实验试剂和材料

试剂/材料	英文简称	规格/纯度	生产厂家
锡掺杂氧化铟导电玻璃	ITO	厚度：1.1 nm 15 Ω/m^2	深圳华南湘城科技有限公司
氟掺杂氧化锡导电玻璃	FTO	厚度：2.2 nm 8 Ω/m^2	苏州尚阳太阳能科技有限公司
溴化铅	$PbBr_2$	99.99%	西安浴日光能科技有限公司
氯化铅	$PbCl_2$	99.99%	
苯甲基碘化胺	PMAI	99.5%	
对三氟甲基苯胺碘	CF_3PAI	99.5%	
对三氟甲基卞胺碘	CF_3PMAI	99.5%	
辛基碘化铵	OAI	99.5%	
浴铜灵	BCP	99.99%	
苯甲基碘化胺	PMAI	99.5%	

续表

试剂/材料	英文简称	规格/纯度	生产厂家
碘化铯	CsI	99.99%	西安浴日光能科技有限公司
碘化铅	PbI_2	99.999%	西格玛奥德里奇贸易有限公司（Sigma-Aldrich Corporation）
富勒烯	C_{60}	99.9%	
双(三氟甲磺酰)亚胺锂	Li-TFSI	99.95%	
乙腈	Acetonitrile	99%	
4-叔丁基吡啶	4-tBP	96%	
氯苯	Chlorobenzene	99.98%	
N,N 二甲基甲酰胺	DMF	≥99.8%	
二甲基亚砜	DMSO	≥99.5%	
异丙醇	IPA	99.8%	
乙醇	Ethyl alcohol	99.5%	
氟化锂	LiF	≥99.98%	
甲苯	TL	99.8%	东京化成工业株式会社（TCI）
1,3-丙二胺氢碘酸盐	PDAI	>98.0%	
[2-(9H-咔唑-9-基)乙基]膦酸	2PACz	>98.0%	
[4-(3,6-二甲基-9H-咔唑-9-基)丁基]磷酸	Me-4PACz	>98.0%	
[4-(7H-二苯并咔唑-7-基)丁基]磷酸	4PADCB	>98.0%	上海尾竹化工科技有限公司
碘化甲胺	MAI	99.9%	Dyesol Limited
甲基溴化胺	MABr	99.9%	
甲基氯化胺	MACl	99.9%	
碘化甲脒	FAI	99.9%	
市售二氧化锡胶体	SnO_2	15wt% 水	阿尔法埃莎化学有限公司（Alfa Aesur）

实验仪器

本书涉及的实验仪器见表 2-2 所列。

表 2-2　本书涉及的实验仪器

仪器	型号	生产厂家
匀胶机	SM-150	Sawatec AG
真空热蒸发仪	ZHD-150A	北京泰科诺 科技有限公司
激光切割仪	JD2206A	武汉君为 科技有限公司
等离子清洗机	Pico BRS	Diener Electronic GmbH & Co. KG
磁控溅射仪	JCP350	北京泰科诺 科技有限公司
原子层沉积系统	S100-L3	Micro Nano Tools(MNT)
液氦低温发生器	CS204SE-FMX-1AL	Advanced Researc Systems(ARS)
电化学工作站	Ennium pro	Zahner-Elektrik GmbH & Co. KG
太阳光模拟器	Oriel Sol3 A	Newport Corporation
数字源表	2400/2420	Keithley Instruments, Inc.
EQE 测试系统	QE-R	台湾光焱 科技公司
紫外可见分光光度计	Lambda 1050 +	PerkinElmer Corporation

仪器	型号	生产厂家
傅里叶红外光谱	Nicolet iS5	Bruke Corporation
X 射线衍射仪	D8 Advance	
原子力显微镜	Dimension ICON	
核磁共振波谱 NMR	Avance NEO 400MHz	
荧光光谱仪	FluoTime 300	PicoQuant
激光共聚焦荧光显微	MT 200	
瞬态吸收光谱仪	Solstice Ace 飞秒激光光源	Spectra-Physics, Inc.
X 射线光电子能谱仪	K-alpha	Thermo Fisher Scientific Inc
扫描电子显微镜	S-4300	Hitachi, Ltd
高精度电子天平	QUINTIX124-1CN	Sartorius AG
接触角/表面张力测量仪	JY-82C	承德鼎盛试验检测仪器制造有限公司
多通道稳性测试系统	MSCLT-1	浙江九耀光电科技有限公司
飞行时间二次离子质谱	TOF-SIMS five	ION-TOF GmbH
掠入射广角 X 射线散射(GIWAXS)	Xeuss 2.0	Xenocs SAS

2.3 表征方法原理

    本节对本书中常用的测试表征仪器的原理作简要介绍，未罗列的仪器测试原理均为本领域内的通用方法，无特别注意事项。值得注意的是，本节提供了一些测试参数可供读者参考使用。

2.3.1 钙钛矿薄膜的表征

2.3.1.1 扫描电子显微镜

扫描电子显微镜(SEM,简称"扫描电镜")是表征微观形貌的技术。SEM可分为场发射和钨灯丝型扫描电镜,而场发射扫描电镜又可细分为冷场发射、热场发射和肖特基发射扫描电镜。总的来说,场发射型扫描电镜的共性是分辨率高,但对测量室的真空度要求较高,需要额外增加离子泵等设备,也导致了较长的抽真空时间。钨灯丝型扫描电镜属于热发射,仅需要一般的高真空环境即可满足测试条件,但是受限于分辨率较差。表2-3罗列了各类型SEM的优缺点可供读者参考。

在扫描电子显微镜中,最常用于成像的信号是二次电子和背散射电子。然而,只有在试样表面附近产生的二次电子才有可能逃逸到真空中收集,因此二次电子图像主要显示试样的表面形貌。背散射电子信号会随着材料原子序数的增加而增加,因此使用背散射电子信号的图像会显示出与元素分布相对应的对比度。带有二次电子和背散射电子探测器的扫描电镜已被广泛用于分析钙钛矿表面形态和薄膜横截面,为指导PSCs的制造工艺提供了重要信息。此外,通过与其他分析仪器相结合,如装上能谱仪(EDS),可以在形貌分析的同时做微区成分分析。

对于钙钛矿薄膜截面测试,建议在测试前增加喷金的步骤,其目的是增强样品表面的导电性,避免因荷电效应导致的图像漂移现象。值得注意的是,需要相对较大的电子剂量来实现可靠的计数统计,但这可能对样品造成严重的电子束损伤。因此,选择合适的加速电压也很重要,本书测试选择的加速电压为 10 ~ 30 kV,读者亦可在此范围内做微调节。

表2-3   各类型扫描电镜的优缺点

扫描电镜的类型	电子枪的类型	优点	缺点
钨灯丝型	钨灯丝	电子枪亮度高、真空度要求低	分辨率较低、需 flash 芯片

续表

扫描电镜的类型	电子枪的类型	优点	缺点
冷场发射型	钨单晶	电子束直径最小、亮度最高、单色性好	超高真空、需 flash 芯片
热场发射型	钨单晶	电子束稳定、束流大、真空度要求不高	电子能量散布较大
肖特基发射型	钨单晶镀 ZrO	发射电流稳定度高、电子能量散布小	分辨率稍差

2.3.1.2 X射线衍射仪

X射线衍射(XRD)是一种评估固体原子和晶体结构的常规技术。当波长与原子间距相当的X射线入射到满足布拉格定律的晶体材料上时,形成与X射线的干涉相长对应的衍射峰。因此,布拉格定律将衍射图案中峰值的位置与材料中原子平面之间的距离联系起来,奠定了XRD的基础。根据布拉格方程所示,可进行物相分析,如研究如晶体结构、相纯度、晶粒尺寸、晶粒取向、结构缺陷的识别、宏观应变和相量等。

$$2d\sin\theta = n\lambda \tag{2-1}$$

式中,d 是原子平面之间的距离;θ 是入射X射线相对于原子平面的角度;n 是反射级数(整数);λ 是X射线波长[98],如图 2-1 所示。典型的 XRD 图像是通过记录X射线衍射强度和 θ 的关系得到的。本书采用的 XRD 仪器为 Bruker-D8 型衍射仪,Cu-Kα(单色激光波长 $\lambda = 1.5418$),狭缝宽度 0.6 mm,扫描范围 4° < 2θ < 40°,为了计算晶粒尺寸和微应力,需要拟合剖面的半高峰宽(FWHM),详细内容见 2.4.1 节。

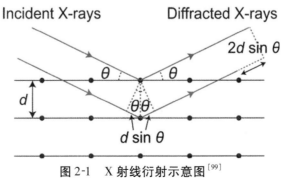

图 2-1　X射线衍射示意图[99]

2.3.1.3　掠入射广角 X 射线散射

掠入射广角 X 射线散射(GIWAXS)记录了与尺寸低至原子水平的有序结构相对应的大角度散射，这意味着散射事件是弹性和相干的。因此，GIWAXS 从根本上类似于 X 射线衍射，即与观察到的 X 射线散射事件一样，GIWAXS 通常满足布拉格条件。该测试需要单色 X 射线源，并且由于掠入射和原位研究的潜力需要高光子通量(亮度)。这些要求通常在实验室不能被满足，因此 GIWAXS 实验通常会在同步加速器设施中进行。同步加速器 X 射线是当以接近光速行进的电子被磁场偏转时产生。

GIWAXS 数据一般是含有不同晶面衍射环的二维衍射图，在钙钛矿研究中非常受欢迎。因为晶体取向作为钙钛矿结构薄膜的重要结构参数，影响着薄膜的光电性能和材料的稳定性。GIWAXS 衍射图显示了某些晶体平面的德拜-谢勒环，使钙钛矿薄膜的结构取向易于读取。利用赫尔曼(Herman)取向函数，沿方位角的衍射环积分可以定量得到晶面的取向度。例如，三维钙钛矿薄膜倾向于在一定的方位角下强定向，因此结果可指导过程优化和评估三维钙钛矿薄膜的结晶质量。二维钙钛矿由于其结构可变、成分可调、稳定性相对较高而备受关注。二维钙钛矿结构中的绝缘有机长链阳离子易阻碍载流子输运，适当的晶体取向可以提高二维钙钛矿结构中的载流子输运，从而改善器件性能。GIWAXS 测量结果提供了晶体取向的信息，也可以反映晶粒在不同深度的堆积方式。GIWAXS 还可用于研究退火过程中的结晶过程。利用 GIWAXS 德拜-谢勒环积分的峰面积，可以推断出钙钛矿的所有相含量及其在退火过程中的演变，从而说明钙钛矿相从中间相向钙钛矿相的转变。

图 2-2 是 GIWAXS 的原理示意图。GIWAXS 中的公共坐标系定义为 x 轴沿 X 射线束方向，y 轴和 z 轴分别平行和垂直于样品表面。具有波矢量 $\vec{k_i}$ 的入射光束以非常浅的角度 α_i 入射到样品上，并沿 $\vec{k_f}$ 方向散射。散射光束由二维面探测器检测，镜面反射的直接光束由光束挡板阻挡，以保护探测器免受损坏。入射光束和散射光束之间的动量变化是 X 射线与样品弹性相互作用的结果，表示为散射矢量 $\vec{q} = \vec{k_f} - \vec{k_i}$，定义为式(2-2)到式(2-5)：

$$q_x = \frac{2\pi}{\lambda}(\cos\alpha_f\cos\varphi - \cos\alpha_i) \tag{2-2}$$

$$q_y = \frac{2\pi}{\lambda}(\cos\alpha_f \sin\varphi) \tag{2-3}$$

$$q_z = \frac{2\pi}{\lambda}(\sin\alpha_i + \sin\alpha_f) \tag{2-4}$$

$$q_r = \sqrt{q_x^2 + q_y^2} \tag{2-5}$$

式中，$\vec{q_z}$相对于样品表面沿平面外方向；$\vec{q_x}$和$\vec{q_y}$在面内方向上，分别与入射平面平行和垂直。

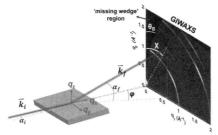 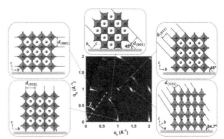

（a）几何散射原理　　　　　　　（b）从钙钛矿膜获取的 GIWAXS 图

图 2-2　　GIWAXS 原理示意图[100]

本书采用的 GIWAXS 的 X 射线波长为 1.240 Å（10 keV），散射信号由 C9728DK 区域探测器收集。样品到探测器的距离约为 166 mm，用六硼化镧（LaB6）样品校准，帧曝光时间为 3 s。本书还通过调整入射光束的掠入射角来控制 X 射线穿透深度，研究了钙钛矿薄膜中晶体结构的深度分布信息，如图 2-3 所示。本书的研究分别设置了 0.1°、0.3°、0.5°和 1°的不同掠入射角度，X 射线穿透深度在几个纳米到 800 纳米区间。

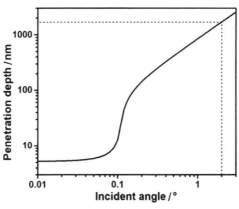

图 2-3　　估算的 X 射线穿透深度与入射角的关系图[100]

2.3.1.4　X 射线光电子能谱

X 射线光电子能谱(XPS)的基础是源于爱因斯坦在 1905 年对光电效应的解释。当一个合适能量(hv)光子被吸收后，一个具有动能(E_k)的电子逃逸，即所谓的光电子。发射的光电子是 X 射线能量完全转移到核心能级电子的结果。入射光子能量和光电子能量之间的关系如式(2-6)所示：

$$hv = E_B + E_K + W_F \tag{2-6}$$

式中，hv 是激发能；E_K 是被测动能；E_B 是电子结合能；W_F 是光谱仪的功函数。

除了 H 和 He 以外，元素周期表中的其他元素都以"指纹"的形式呈现出这些特征核心谱，允许在 XPS 分析中识别被探测表面的原子组分。在标准 XPS 条件下，这些核心谱的自旋轨道分裂在文献中都有很好的总结，对高分辨率峰值拟合有很大帮助。通过跟踪光电子结合能的变化还可以确定待测原子物种的化学环境的演变。

XPS 可记录从被 X 射线照射的材料顶部 1~10 nm 发射的电子的动能，在表征钝化策略的作用方面越来越受欢迎。通过 XPS 定性和定量地揭示不同添加剂或钝化剂与钙钛矿中成分之间的相互作用。E_B 对于不同壳层的原子来说是不同的，在某种程度上也取决于原子的化学环境。化学环境的变化可以反映在光电子能量的位移中。原子周围的电子密度越高，源自其核心能级的光电子的 E_K 就越高，因此光谱中相应 E_B 峰的化学位移就越低(图 2-4)。在 PSCs 的研究中，Pb 4f 信号的化学位移是验证钙钛矿与添加剂官能团相互作用的最常用的信号。理论上，根据官能团的性质(接受电子或给予电子)，Pb 4f 信号向更高 E_B 移动是由于 Pb 原子上的电子密度降低。

XPS 数据分析的基础是精确校准结合能，包括光谱仪的能量标度的校准和由充电效应引起的偏差。本书采用 284.8 eV 的 C 1s 结合能进行校准，使用赛默飞的 K-alpha 型仪器，同时以 Al K α作为微聚焦单色源。

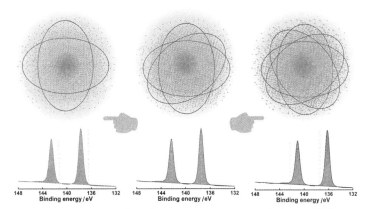

图 2-4　铅原子电子密度与化学位移之间的关系图[101]

2.3.1.5　紫外光电子能谱

　　紫外光电子能谱(UPS)的测量使用惰性气体放电灯作为激励源，惰性气体通过直流放电或微波放电电离以产生特征等离子体。He I 共振线具有良好的单色性是目前最常用的激励源，其光子能量为 21.22 eV。这使得 UPS 测量具有表面敏感性，将分析限制在了待测样品顶部的表面几个纳米处。因此，避免表面污染对于精确分析价带特征变得至关重要。

　　考虑到卤化物钙钛矿器件的界面，如果忽略缺陷能级的传输，则载流子传导主要归因于导带边缘和价带边缘的电子和空穴。因此，确定费米能级(E_F)在带隙中的位置，以及带边缘相对于 E_F 和真空能级(E_{vac})的相对位置至关重要。UPS 测试可以获得价电子的能量分布，包括价带结构、W_F 和态密度分布。其中，价带边的能量位置和 W_F 可用于绘制能级图，这有利于理解钙钛矿薄膜能带结构。

2.3.1.6　傅里叶变换红外光谱

　　傅里叶变换红外(FTIR)光谱是一种快速、非接触、无损的光学工具，用于识别官能团种类和研究化学键信息。光源经分束器分成两束，通过内部的光路系统使两束光形成光程差，造成干涉条件。含样品信息的干涉光到达探测器后对其进行傅里叶变换，得到透射或吸收随波数变换的光谱。基本原理是利用待测分子对不同波长的红外光照射的吸收差异、特征官能团吸收红外辐射使其发生振动或转动，进而导致待测分子的振动能级和转动能级从基态向激发态转变。

　　在本书中，通过测试钝化剂分子与碘化铅的 FTIR 光谱，评估了有机阳离子与 Pb-I 八面体骨架之间的化学结合能力。测试范围选择从 500 cm^{-1} 到 4 000 cm^{-1}。特征波数的吸收或透过光谱可定性分析官能团结构，波数位移可归因于官能团间的相互作用，其纵坐标强度变化可用于半定量分析。

2.3.1.7 原子力显微镜

原子力显微镜(AFM)是利用原子间范德华力来获取待测样品表面信息的仪器。如图 2-5(a)所示，AFM 是一种二次成像仪器，即当针尖接近待测样品表面时，针尖在力的作用下使悬臂梁发生振幅改变(微悬臂梁对弱力非常敏感)，这种变化经系统检查后转化为电信号，然后通过成像系统将电信号与特殊的表面形貌直接关联。可以在 1 pA ~ 10 mA 的大范围内准确地感测电流。尖端和样品之间的相互作用可以根据操作模式而变化。AFM 有三种成像模式，即接触式、非接触式、轻敲式。在接触模式下，尖端通过保持其偏转常数在样品表面上进行光栅扫描。在非接触模式中，端部振荡并且通过接触点处的振幅或频率来给出反馈。AFM 在测量过程中或测量后，对样品的损伤很小。因此，基于 AFM 的技术被广泛用于 PSCs 微观结构表征。这通常是在与材料表面持续接触的情况下或者在带有振荡悬臂的轻敲模式下应用。轻敲模式用于对软样品(尤其是有机-无机杂化钙钛矿)进行成像，软样品可能会被强烈的尖端与样品的相互作用损坏。为了测量悬臂的垂直运动，激光束从悬臂的背面反弹并反射到光电二极管中，从而通过光电二极管测量悬臂的任何垂直运动。

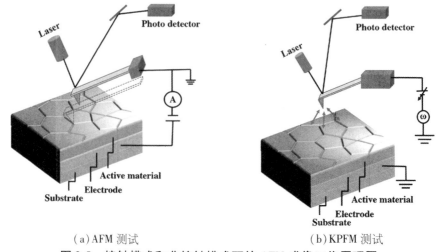

(a)AFM 测试　　　　　　　　(b)KPFM 测试

图 2-5　接触模式和非接触模式下的 AFM 成像工作原理图

导电原子力显微镜（C-AFM）是一种具有接触模式的 AFM，用于测量尖端和样品之间的电流，从而确定表面电导率。C-AFM 的光电流扫描和开尔文探针力显微镜的平面电势扫描相结合，可以看到钙钛矿薄膜样品中的电荷载流子传输路径，特别是突出载流子在晶界和晶界处的运动。

2.3.1.8　开尔文探针力显微镜

开尔文探针力显微镜（KPFM）是一种基于 AFM 提起模式的设备，采用该设备的技术有在纳米尺度将局部电子性质与表面或表面附近的局部膜结构相关联的能力，图 2-5（b）。KPFM 技术在纳米尺度上以高分辨率识别表面局部 W_F，为原位研究与表面光电压和接触电位差（CPD）相关的成分、电子态、能带弯曲、电荷捕获和表面重建提供了独特的途径。

在 KPFM 系统中，由于尖端和待测样品之间存在 W_F 差异，在两者之间会产生静电力。利用对直流电流不敏感的锁相放大器跟踪悬臂梁的振动，可以提取静电力获得 CPD。针尖 W_F（标记为 Φ_{tip}）和样品 W_F（标记为 Φ_{sample}）通过式（2-7）转换：

$$\Phi_{sample} = \Phi_{tip} - e \times CPD \tag{2-7}$$

式中，e 是电子电荷，可进一步得到关系式：CPD $= (\Phi_{tip} - \Phi_{sample})/e$。

值得注意的是，本书发现了钙钛矿领域很多时候可能在不恰当地使用 KPFM 技术进行 CPD 的测量。具体而言，一个主要的问题是 W_F 应该在存在自由电荷载流子的情况下进行测量。因此，在第三章的研究工作中，通过外加白光卤素灯照射样品来仔细设计，从而进行了 CPD 测量。

2.3.1.9　飞行时间-二次离子质谱

飞行时间-二次离子质谱（TOF-SIMS）是一种表面灵敏的质谱分析技术，可使用高能离子束（通常为 30 keV）在超高真空中轰击样品表面。TOF-SIMS 横向分辨率约为 100 nm，检测极限优于百万分之一，被广泛应用于表面和界面的分析测定。该技术可调节溅射束能量和通量参数，因此 TOF-SIMS 非常适合 PSCs 材料的表界面分析。图 2-6 显示了 SIMS 级联碰撞、原子和分子喷射，以及初级离子注入现象。

在本书中，使用 ION TOF-SIMS-five 仪器对样品进行分析。用 30 keV Bi

离子枪产生 Bi 离子束簇(1-pA 脉冲束电流)来激发钙钛矿薄膜样品表面的二次离子。刻蚀参数为使用能量为 1 keV(电流 100 nA)的氧离子束进行溅射,完成深度剖面,溅射范围 300 μm^2 × 300 μm^2,分析范围 100 μm^2 × 100 μm^2。

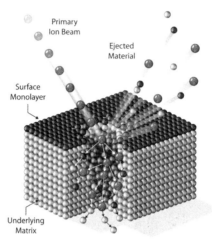

图 2-6　SIMS 级联碰撞、原子和分子喷射、初级离子注入现象图[102]

2.3.1.10　紫外-可见-近红外光谱

紫外-可见-近红外(UV-Vis-NIR)光谱是利用分子或离子对辐射跃迁吸收来研究物质组成、含量和结构推断。最常用的是结合 Tauc plot 法外推线性区域获得样品的禁带宽度 E_g。

本书采用 PerkinElmer 的 Lambda 1050$^+$ 仪器测试钙钛矿单结样品的相对吸收光谱,范围从 300~900 nm。还使用积分球模式对钙钛矿单结样品的绝对吸收系数进行了精准测量,这是通过测量反射率 $R(\%)$ 和透射率 $T(\%)$ 得到。测试的步长采用 2 nm/步,测试范围从 300~1 200 nm。

2.3.1.11　稳态和瞬态荧光谱

稳态和瞬态荧光谱(steady and transient fluorescence spectra)是利用荧光效应进行分析检测的技术。其中,荧光是激发单线态跃迁回基态时部分能量通过光子形式辐射出来,仪器检测这一信号并同时记录荧光强度和发射波长之间的变化关系。这个过程可以获取样品的激发光谱(excitation spectra)、发射光谱(emission spectrum)等。发光强度受到非辐射复合的影响。在理想情况下，处于开路条件下激发的所有载流子都会以辐射方式复合。然而，吸收体内或其表面的缺陷可能导致非辐射复合损失，降低器件的辐射效率，从而降低其最大性能潜力。

结合单光子计数（TCSPC）模式可以测量样品的瞬态信息。TCSPC 的原理是检测单个光子到达探测器的时间，重复该过程统计多个周期得到的光子数和时间，获得光子的时间分布图。本书采用的光电倍增管 PMT 作为传感器，单光子最小信号通道为 25 ps，前端单色仪狭缝为 1 nm。激发光源采用 P-C-450 和 510 脉冲二极管激光。本书还通过联用的消耗型液氦低温恒温器进行了变温荧光光谱测量，温度范围从 300 K 到 70 K，步长间隔 10 K/步。

2.3.1.12　时间分辨共聚焦荧光显微镜

时间分辨共聚焦荧光显微镜（TCFM）的工作原理与之前讨论的稳态荧光技术相似，都是属于光致发光谱的范畴。然而，相较于宏观测试方法，这种空间分辨的稳态荧光成像（PL Mapping）能够提供二维空间尺度上详细的钙钛矿薄膜信息，如揭示钙钛矿薄膜的均匀性等性质。在实验过程中，通过对样品表面进行逐点扫描，可以获得特定区域内的荧光光谱数据，这一过程通常被称为 Mapping。

本书使用 Pico Quant 公司的 Micro Time 200 型光谱仪来执行测量，该设备使用 P-C-405 脉冲二极管激光器作为激发光源。

2.3.1.13　瞬态吸收光谱仪

瞬态吸收（TA）是一种泵浦探测（pump-probe）技术，通过使用飞秒（10^{-15} s）脉冲激光作为激光源，结合时间分辨光谱技术。它的核心原理主要是记录激发态各能级粒子数种群布局随时间弛豫的变化过程展示。使用两束能量不同的激光，其中能量较强的作为泵浦光，主要用于激发样品从基态跃迁至激发态；而能量相对较弱的作为探测光，用于探测样品在基态和激发态下的吸收度变化。通过光斩波器可以独立探测样品激发前后的吸收光谱，通过改变延迟时间记录不同时间延迟下的吸收光谱变化，从而最终得到 TA 图。值得注意的是，这种超快飞秒-皮秒尺度过程通常与化学反应过程时间尺度相当，如化学键的断裂与形成、电荷和能量的传递等过程信息。因此，可以探索传统稳态光谱无法表征的动力学过程。

TA 图的信号贡献主要有三种：基态漂白（GSB）、受激发射（SE）和激发态吸收（ESA）信号。

2.3.1.14 核磁共振波谱

核磁共振波谱（NMR）的基本原理是基于原子核自旋运动引起的核磁共振效应。NMR 能够提供关于原子核周围化学环境、分子几何和拓扑结构、结构动力学的详细信息，而无须关心样品的结晶度、尺寸或组成。这使得NMR 成为研究材料特性、分子间相互作用，以及对影响钙钛矿稳定性因素分析的有力工具。此外，在实际应用中，NMR 采样过程需要考虑杂质来源和各向异性效应的影响等因素。

表征钙钛矿最有用的是溶液 NMR，其主要集中于研究钙钛矿前体与添加剂之间的相互作用，以及钙钛矿表面与有机钝化配体的相互作用。NMR 提供了多种工具（图 2-7）对钙钛矿进行彻底的分析，可获得的信息包括以下几个方面。①一维 ^1H 光谱，质子共振的线形、线宽、位置的变化，可体现出如有机钙钛矿前体和添加剂之间的相互作用；NMR 提供了局部参数，如化学位移（δ，通常以 ppm 表示），对所研究原子核化学环境的任何变化都很敏感。此外，该实验还可以对样品成分进行定量评估，用于识别杂质，并监测不同时间或应力条件下的结构稳定性等。②扩散有序光谱学，其中扩散系数的变化是涉及不同分子大小、物种相互作用的结果。③^1H 自旋晶格（T_1）和自旋-自旋（T_2）弛豫测量，其对相互作用的分子运动变化非常敏感。④用于结构表征和偶极分子间相互作用检测的 ^1H-^1H 和 ^1H -^{13}C 2 维图谱。

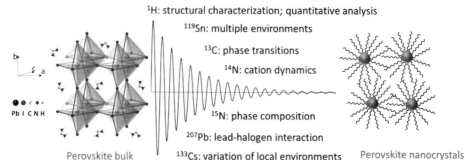

图 2-7　用于钙钛矿表征的核磁共振工具[103]

2.3.2 太阳能电池器件的表征

2.3.2.1 电流-电压(I-V)测试

PSCs 的等效电路如图 2-8 所示。当搭载负载的太阳电池受到光照射时，I_L 可以等效看作一个恒流源，I_d 是流过理想二极管的正向电流，R_s 和 R_{sh} 分别是串联电阻和并联电阻，R 代表负载电阻。因此，I 和 V 分别表示输出电流和电压。

根据图 2-8 所示的等效电路，单结太阳能电池的 I-V 特性描述为

$$I = I_L - I_0 \left[\exp\left(\frac{V + IR_S}{NaV_T} \right) - 1 \right] - \frac{V + IR_S}{R_{sh}} \tag{2-8}$$

式中，I_L 是光感应恒流源的电流；I_0 是二极管反向饱和电流；a 是理想因子；N 是串联的太阳电池数，单结电池取 1；T 是绝对温度；V_T 是二极管热电压。太阳能电池的一些固有参数可从式(2-8)中导出，理想的异质结太阳能电池的 R_{sh} 非常大。

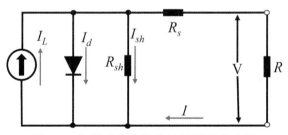

图 2-8　钙钛矿太阳能电池的等效电路图

在标准条件(25 ℃，AM 1.5 G)下测量的 PSCs 的电流-电压(I-V)曲线已被用于分析电池性能和工作机制。这一过程涉及对电池施加连续变化的电压，并需要同时记录不同偏压下的电流。在直角坐标系中，I-V 曲线通常以电流 I 或者电流密度 J 为纵坐标，以电压 V 为横坐标作图。图 2-9 展示了一个典型的太阳电池的 I-V 曲线。曲线上的任意一点都代表了电池在特定电压和电流下的工作状态。当从曲线上取任意一点与原点引一条直线时，这条

线被称为负载线，其斜率的倒数即为负载 R 的值。在无光照条件下测得的 I-V 曲线被称为暗电流曲线，它反映了太阳能电池在没有光照时的整流特性，即作为普通二极管的特性。从暗电流曲线中可以获得漏电流和反向饱和电流等基本电学特性，从而对电池内部结构和缺陷状态有更深入的了解。

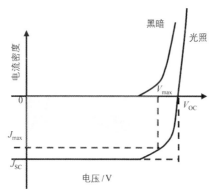

图 2-9　太阳能电池的伏安特性 I-V 曲线图

电池的理想因子和串联电阻可从线性拟合结果的斜率和截距得出，理想因子的值代表钙钛矿膜的质量和载流子复合机制，理想因子通常在 1～2 之间。此外，根据式(2-8)可知，对于具有较高填充因子的高性能 PSCs，较小的串联电阻是非常重要的。

(1)短路电流密度(J_{SC})是在光照下，器件无外加偏压导致的短路状态下的电流密度。对应图 2-9 电压为 0 时的纵坐标，单位通常是 mA/cm^2 [104]。

(2)开路电压(V_{OC})是在光照下，器件处于开路状态下的电压。对应图 2-9 电流密度为 0 时的横坐标，单位通常是 V [104]。

(3)填充因子(FF)是定义光伏电池最大输出功率与 V_{OC} 与 J_{SC} 的乘积之比。在第四象限图中，以电流密度和电压乘积为单位面积的输出功率，可表示为式(2-9)：

$$FF = \frac{J_{max}V_{max}}{J_{SC}V_{OC}} \qquad (2\text{-}9)$$

FF 受电池串联和并联电阻值的影响，如减小串联电阻值和增大并联电阻值可以增加 FF [104]。

（4）光电转换效率（PCE）是衡量太阳能电池性能最重要的参量。它是电位面积最大输出功率（P_{max}）与入射光能量之比（P_{in}）。如式（2-10）所示：

$$PCE = \frac{P_{max}}{P_{in}} \times 100\% = \frac{J_{max}V_{max}}{P_{in}} \times 100\% = \frac{J_{sc}V_{OC}FF}{P_{in}} \times 100\% \qquad (2\text{-}10)$$

对于光伏参数测试（包括 J-V 曲线和稳态输出曲线），使用 Newport 3A 级太阳光模拟器作为光源，采用经 NREL 认证的标准硅电池对光强度进行校准，获得一个标准太阳光强度（100 mW/cm²）。在氮气手套箱或者超干间环境下，通过 Keithley 2420 数字源表进行测试得到 I-V 曲线。其中，电池的有效面积通过金属掩模版来限定。在没有任何封装的情况下，以 100 mV/s 的扫描速率测量 J-V 曲线。

通过改变太阳能模拟器的光源强度，收集了不同入射光强度下（0.1～1 个太阳光）电池的 I-V 曲线。在黑暗条件下，测试了样品暗态 I-V 曲线以获取器件漏电流信息；利用空间电荷限制电流法测试了缺陷态密度和载流子迁移率。

2.3.2.2　外量子效率测试

外量子效率（EQE）是一个重要的性能参数，用于描述入射光子数被转换成外部电路电子的比率，通常以百分比的形式来表示。在实际的测试中，是通过计算光激发产生电流 I 与入射的光能量 P 之间的比例关系，如式（2-11）所示：

$$EQE = \frac{N_e}{N_p} = \frac{\dfrac{J_{SC}}{e}}{\dfrac{P_{in}}{\dfrac{hc}{\lambda}}} = \frac{hc \times J_{SC}}{e\lambda P_{in}} = \frac{1240 \times J_{SC}}{\lambda P_{in}} \times 100\% \qquad (2\text{-}11)$$

式中，N_e 和 N_p 分别代表收集的电子数和入射的光子数；λ 为入射光的波长。本书使用 QE-R 测量系统（Enrich Technologies），在交流 AC（210 Hz）模式下进行测量。在 EQE 测量过程中，标准的硅电池和锗电池用作校准参考。通过两个双向独立的锁相放大器，可同时检测光功率和测量信号。对于单结器件，在没有任何光学或电学偏置的情况下测量 EQE 光谱，扫描范围 300～900 nm，10 nm/步。通过对不同波段下的响应进行积分可获得一个电流密度值，通常将该值与 J-V 曲线获得的 J_{SC} 互相对比，以验证并避免电流密度夸大的情况。此外，对 EQE 响应做微分处理，还可以确定待测样品的带隙值。

2.3.2.3　电化学工作站相关测试

电化学工作站是将恒电位/电流仪和阻抗分析仪结合在一起的测试仪器。在本书里，使用了德国 Zennium Pro 电化学工作站，主要用到了以下测试。

电化学交流阻抗谱（EIS）：在样品上施加正弦激励信号同时测量电流响应信号，可以在宽频率范围内测试样品的阻抗特性。这个电流信号也是正弦的，但由于响应延迟，其相位会产生差别，如图 2-10 所示。EIS 是可以认为是一个复函数，具有实部和虚部。在钙钛矿样品的 EIS 测试中，通常会施加 20 mV 的小正弦信号（保证线性响应），测量电流响应值，系统计算得到该频率下的阻抗值。在本书中，测试的频率范围从 2 MHz 到 10 Hz。采用复杂的非线性最小二乘法拟合复数非线性最小均方根回归计算方法使两者差异最小化。

电容-电压（C-V）曲线是在恒定频率和振幅下测试电容随电压变化的曲线。电容的变化是由空间电荷效应引起的，因此电荷注入会使耗尽层宽度变化。在 PSCs 领域，通常会采用 C-V 方法进行 Mott-Schottky 测试，以评估器件的内建电场 V_{FB} 和载流子浓度 N_D。在实际操作中，通常会在电压扫描过程中叠加一个指定频率，如本书设置的交流频率为 1 kHz，振幅为 20 mV。通过测量不同电压下的电容值，并利用 Mott-Schottky 方程［式（2-12）］进行计算，可以得到半导体材料的平带电位和载流子浓度。

$$\frac{1}{C^2} = \frac{2}{A^2 \varepsilon \varepsilon_0 e N_D}\left(V - V_{FB} - \frac{K_B T}{e}\right) \qquad (2-12)$$

式中，C 代表电容；A 表示面积；V 表示施加的电压；V_{FB} 代表平带电势；N_D 代表施载流子浓度。

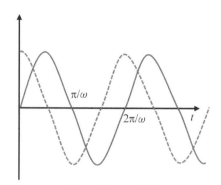

图 2-10　交流电压和电流幅度和相位图

2.3.2.4　器件稳定性测试

对于单结 PSCs 电池的储存稳定性测试，通过将未封装的电池放置在黑暗的环境中，其中相对湿度为 $(20\pm5)\%$，温度为 25 ℃，通过定期测试 J-V 曲线来绘制电池器件的效率(或归一化效率)随时间的变化关系图。对于第三章中的光照稳定性测量，通过简单的紫外封装处理后在环境湿度下进行测量(光焱科技 S3503)。其余章节的光照稳定性测试均是在氮气的保护气氛下，使用 AM 1.5G 太阳光当量的 AA 级 LED 灯连续照明，通过扰动和观测算法跟踪 MPP 数据，然后对 PCE 进行归一化处理。采用 MSCLT-1 多通道太阳能电池和组件寿命测试系统进行测试，在室温下每隔 60 s 更新一次 MPP 点，如图 2-11 所示。

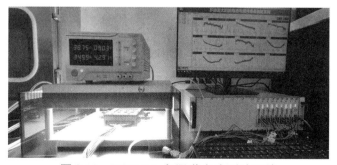

图 2-11　MSCLT-1 多通道光稳测试系统

2.4 重要计算公式

2.4.1 微应变

由于晶体中存在由尺寸约束引起的内应变，使 XRD 峰展宽。其中，物理峰展宽主要由两部分组成：尺寸依赖性展宽和应变诱导展宽[105]。通过 XRD 峰展宽分析，可以分析内应变的大小，包括应力、能量密度等与应变有关的弹性性质[106]。

采用 Williamson-Hall(W-H)分析可分别计算各种弹性参数如应变、应力和能量密度。W-H 方法核心原理是晶体尺寸展宽(β_D)和应变展宽(β_ε)所采用的估算公式以不同的方式随布拉格角 θ 变化。晶粒尺寸展宽(β_D)与 Debye-Scherrer 公式[式(2-10)]有关：

$$D = \frac{K\lambda}{\beta_D \cos\theta} \qquad (2\text{-}13)$$

式中，D 表示晶体尺寸；K 表示形状因子常数，通常取 0.9；λ 为源辐射波长(Cu Ka)，即 0.154 06 nm，β_D 为对应 hkl 的布拉格峰半峰全宽(FWHM)。

应变诱导 β_ε 的展宽与 θ 有关，如公式(2-14)所示：

$$\beta_\varepsilon = 4\varepsilon\tan\theta \qquad (2\text{-}14)$$

式中，ε 是拉伸或压缩应变。假设晶体尺寸和晶格应变是相互独立的，都具有 Cauchy 型轮廓。因此，具有 hkl 值的特定峰的应变和尺寸导致的总展宽可以表示为公式(2-15)：

$$\beta_{hkl} = \beta_D + \beta_\varepsilon \qquad (2\text{-}15)$$

式中，β_{hkl} 是不同衍射面最大强度的一半处的峰宽。联合式(2-15)即可得到 W-H 方程，如公式(2-16)所示：

$$\beta_{hkl} = \frac{k\lambda}{D} \cdot \frac{1}{\cos\theta} + 4\varepsilon \cdot \tan\theta \qquad (2\text{-}16)$$

重新排列式(2-16)即可得到式(2-17):

$$\beta_{hkl} \cdot \cos\theta = \frac{k\lambda}{D} + 4\varepsilon \cdot \sin\theta \qquad (2\text{-}17)$$

式(2-17)是一个直线方程,它考虑了晶体的各向同性性质。其中所测钙钛矿材料的物理性质与方向无关,因此表示 W-H 为均匀变形模型(UDM)。除此之外,UDM 图的斜率为正值,表明晶格膨胀在纳米晶体中产生了内在应变[105]。

2.4.2 缺陷态密度

在 PSCs 中,缺陷对电荷载流子的复合和离子迁移都有深刻的影响。当所有缺陷被填充时,材料的一些物理电学性质会发生显著改变。因此,常采用空间电荷限制电流(SCLC)法来研究器件缺陷态密度。通常构建一个只传输电子(纯电子器件)或者只传输空穴(纯空穴器件)结构的样品,在黑暗条件下测试可获取样品的 J-V 曲线。将横纵坐标对数化后,这些曲线通常呈现三个典型的区域,即小偏压下的欧姆接触区域($n=1$),中等偏压下的缺陷填充区域($n>3$),大偏压下的无缺陷的 SCLC 区域($n=2$)。其中,欧姆区域电压和电流呈线性关系。随着电压的进一步增加,电流会显示出快速的非线性响应,这表明缺陷被注入的载流子所填充,而填充的缺陷态密度可根据式(2-18)估算:

$$N_{trap} = \frac{2\varepsilon_0 \varepsilon_r V_{TFL}}{eL^2} \qquad (2\text{-}18)$$

式中,ε_0(8.8545 × 10^{-14} F/cm)和 ε_r 分别表示真空介电常数和钙钛矿相对介电常数;e 是元电荷(1.602 × 10^{-9} C);V_{TFL} 是极限填充电压;L 表示钙钛矿活性层的厚度。随着电压进一步加大,此时电流密度将和电压的平方呈线性关系。根据 Mott-Gurney 定量,可计算钙钛矿的电子或者空穴的迁移率，如式(2-19)所示：

$$J_D = \frac{9\varepsilon_0\varepsilon_r\mu e V^2}{8L^3} \tag{2-19}$$

式中，μ 即为所求的迁移率值。

上述方法无法识别器件不同能级的缺陷态密度，而热导纳谱(TAS)是研究不同能量下缺陷态密度(tDOS)分布特性的有效手段。钙钛矿中的带电缺陷不仅会捕获自由电子，而且还会影响电容特性。此外带电缺陷捕获和释放电荷不仅取决于钙钛矿样品温度，而且还跟带电缺陷的能量深度密切相关。TAS技术通过追踪在正弦交流振幅扰动下的电容变化，可以获得并分析材料的缺陷分布性质。具体而言，通过联合莫特-肖特基测试和电容-角频率测量，可根据式(2-20)进行计算：

$$tDOS(E_\omega) = -\frac{V_{bi}dC\omega}{qWd\omega K_B T} \tag{2-20}$$

式中，C 为电容；ω 为角频率；q 为基本电荷；K_B 为玻尔兹曼常数；T 为温度；V_{bi} 为内建电势；W 是耗尽层的宽度。其中，V_{bi} 和 W 由莫特-肖特基方程获得。

缺陷能级的能量分布由式(2-21)进行计算：

$$E_\omega = K_B T \ln\left(\frac{\omega_0}{\omega}\right) \tag{2-21}$$

式中，ω_0 是逃逸频率，通常取值经验常数为 $10^{12}\ \text{S}^{-1}$；$K_B T$ 可取值为 0.026 eV。

2.4.3 激子和光学声子耦合系数

电子-声子耦合系数通常是低温 PL 光谱中提取的与温度相关的半高宽 FWHM 来反映。对于卤化物钙钛矿，电荷载流子和声子或杂质之间的散射机制与 PL 半峰宽 $\mathcal{T}(T)$ 对温度的依赖性有关，可以表示为式(2-22)：

$$\mathcal{T}(T) = \mathcal{T}_0 + \mathcal{T}_{ac} + \mathcal{T}_{op} + \mathcal{T}_{imp} \tag{2-22}$$

式中，Γ_0 是不均匀展宽项，这是由于缺陷、无序和完全电离的杂质引起的散射；Γ_{ac} 和 Γ_{op} 分别是与声学声子和纵向光学声子(Fröhlich)相关的均匀展宽项；Γ_{imp} 是考虑完全电离杂质散射的不均匀展宽项。在低温($T < 80$ K)下，光学声子的数量占比非常少，它们的能量为几十 meV，因此在这种情况下展宽主要来自该温度范围内的声学声子。而在高温条件下($T > 80$ K)，展宽主要来自电荷载流子与光学声子的相互作用，声子的贡献可以忽略不计。值得注意的是，Γ_{imp} 与温度相关的 FWHM 曲线不匹配(无法收敛)，电离杂质散射对这一温度范围的展宽没有贡献。忽略第四项的影响，方程被简化为式(2-23)：

$$\Gamma = \Gamma_0 + \frac{\gamma_{op}}{e^{-E_{op}/k_BT}-1} \tag{2-23}$$

式中，Γ_0 为光学声子的能量；γ_{op} 为激子与光学声子相互作用的耦合系数；K_B 为玻尔兹曼常数；T 为温度。

2.5 钙钛矿太阳能电池器件制备

本书的第三章和第四章分别制备了基于正式 n-i-p 平面结构的单结 PSCs，第五章制备了基于反式 p-i-n 结构的单结 PSCs。

2.5.1 基底的预处理

对于 PSCs 导电基底的预处理，本书采用领域内通用的清洗方法。具体来说，首先使用激光刻蚀机对导电玻璃进行图案化处理，目的是避免顶底电极之间短路，随后将玻璃依次浸入丙酮和乙醇中超声处理20 min。超声清洗完成后，使用纯净的氮气对玻璃基底进行吹干，以避免残留的溶剂在基底表面形成斑点或膜层。随后，将干燥的基底放置于无菌的培养皿中，在后续的沉积过程中备用。在沉积传输层前，还使用紫外臭氧进行预处理基底 15 min，这一步骤的目的是去除任何可能残留的吸附物，并且通过改善表面的浸润性，为传输层的均匀沉积创造理想条件。

2.5.2 电子传输层制备

2.5.2.1 SnO_2 层制备方案

将市售纳米 SnO_2 胶体原液(15 wt% 水分散液)与去离子水以 1:5 的比列均匀混合并置于摇床分散 6 h。值得注意的是，如果采取超声分散的方法，要避免超声时的水温过高导致纳米晶团聚。将紫外臭氧清洗好的基底置于旋涂仪中，调节转速为 4 000 r/min，旋涂时间为 30 s。将旋涂好的样品置于 160 ℃ 的热台上退火处理 40 min(环境空气，RH = 30 ±10%)。退火好的样品尽快放置于手套箱或者干燥箱内。

2.5.2.2 C_{60}/BCP 层制备方案

采用气相蒸镀法制备 C_{60}/BCP 层。将待蒸镀样品放置于特定的掩膜版中并置于蒸镀腔室中，在钨舟源和石英坩埚源处分别加入适量的 C_{60} 和 BCP 高纯粉末，关闭蒸镀腔门。当真空度达到 1×10^{-4} Pa 以下时，调节 C_{60} 的蒸发速率为 0.3 Å/s，待蒸发速率稳定后打开基片挡板和基片旋转。观察膜厚仪厚度达到 10 nm(实际厚度 15 nm)后立即关闭基片挡板并打开有机蒸发源挡板。当蒸镀 BCP 的速率达到 0.05 Å/s 时即可打开基片挡板。观察膜厚仪厚度达到 1.5 nm(实际厚度为 5 nm)时，关闭基片挡板，再关闭基片旋转和真空泵。

2.5.3 空穴传输层制备

2.5.3.1 Spiro-OMeTAD 空穴传输层的制备

首先称取 260 mg LiTFSI 溶解于 0.5 mL 乙腈溶液中，磁力搅拌 12 h 以上，称为 A 溶液。然后称取 73 mg 的 Spiro-OMeTAD 粉末并溶解于 1 mL 氯苯中，磁力搅拌 6 h 以上，称为 B 溶液。最后往 B 溶液里加入 17.5 μL 的 A 溶液和 29 μL 的 4-叔丁基吡啶(4-tBP)溶液，随后继续搅拌 1 h 以上。当溶解澄清后，使用 0.22 μm 的有机过滤头过滤后备用。

将上述过滤后的溶液采用旋涂法制备在钙钛矿膜上，调节转速为 3 000 r/min。所制备的 HTL 需要进一步暴露在 O_2 或具有受控相对湿度的环境空气条件下。普遍认为，原始的 Spiro-OMeTAD 分子在光下与 O_2 反应，电子从前者转移到后者，从而形成自由基阳离子(Spiro-OMeTAD$^+$)和氧阴离子。TFSI$^-$ 阴离子进一步稳定阳离子，剩余的金属阳离子(如 Li$^+$ 离子)形成金属氧化物。值得注意的是 Spiro-OMeTAD 后氧化过程对于提高掺杂效率至关重要。一旦生成并稳定了一定浓度的自由基阳离子，就可以实现 p 型掺杂。

值得注意的是，未掺杂的原始 Spiro-OMeTAD 具有 10^{-4} cm^2 · V^{-1} · s^{-1} 量级的低空穴迁移率和 10^{14} cm^{-3} 量级的本征空穴密度，这导致其空穴电导率比钙钛矿小几个数量级。这种本征较差的电学性质限制了 HTL 内的电荷传输，并在界面处引起严重的电荷积累，从而降低了 PSCs 的光伏性能，特别是 V_{oc} 和 FF。因此常采用掺杂的方法来改善 Spiro-OMeTAD 薄膜迁移率和电导率，通常大约可以提高至少一个数量级。其中，Spiro-OMeTAD 掺杂最广泛的添加剂包括 LiTFSI、4-tBP、FK209 等。4-tBP 的主要功能是防止 Spiro-OMeTAD 中 LiTFSI 的相偏析，并在整个 HTL 中实现均匀掺杂。

2.5.3.2　混合 SAMs 空穴传输层的制备

精确称取适量的 2PACz、Me-4PACz 粉末，并分别溶解于无水乙醇中，形成均匀分散的 1 mg/mL 的前驱体溶液。然后按体积比 3∶1 转移到新的一瓶溶液中形成混合的 SAMs 溶液。采用旋涂法将混合后的 SAMs 溶液旋涂至导电基底上，形成 ITO/SAMs 的结构。其中，转速设置为 3 000 r/min，时间为 30 s。将旋涂后的基片转移到 100 ℃ 的热台上加热 10 min 以挥发溶剂。

2.5.4　钙钛矿活性层制备

钙钛矿活性层前驱体溶液的配置方法及其制备细节详见第三、四、五章，以及本章相关内容。

2.5.5 金属电极层制备

本书采用气相蒸镀法制备金属电极层，其中正式结构和反式结构分别蒸镀金属金和银。具体方法如下：将待蒸镀样品放置在定制的掩膜版中并置于真空腔室中，该掩膜预留了固定的图案。在钨舟处放入适量的金属 Au 或者 Ag；利用机械泵和分子泵将真空腔室的真空度抽至 1×10^{-4} Pa 以下；打开金属挡板和膜厚仪，缓慢调节蒸发电流直至蒸发速率为 2 ~ 3 Å/s。观察膜厚仪厚度达到预期值后关闭蒸发电源及真空组合泵。其中，蒸镀厚度均为 120 nm。

2.6 本章小结

本章详尽阐述了与本书相关的化学试剂和实验设备，着重解释了常用表征设备的工作原理、PSCs 器件的制备步骤及其工艺参数的详细设置，诸如溶液浓度、旋涂速度和热处理稳定性等。此外，为了帮助读者更好地理解后续章节中的定量分析和计算结果，本章还对一些重要计算公式进行了深入介绍，并展示了详细的推导过程。

第三章

基于协同钝化效应提升器件开路电压机制的研究

3.1 引言

    PSCs 的最新认证效率已达到 26.1%[9]，其中目前报道的短路电流 J_{sc} 的最高纪录值为 26.5 mA·cm^{-2}[107]，填充因子为 86%[108]，几乎分别达到了单结 PSCs 的理论极限。然而，V_{OC} 仍然有较大的提升空间，这成为 PSCs 中 PCE 进一步跃升的关键因素[109]。通常人们认为钙钛矿的 QFLS 决定器件的 V_{OC}[110]，而表面缺陷成为载流子的快速复合中心[111,112]，无法实现有效的 QFLS。因此，通过抑制载流子非辐射复合损失来保持较高的光生载流子密度，是提高 PSCs 中 V_{OC} 的有效策略之一。

    一种直接的方法是缺陷的表面钝化[71,113,114]，这是通过外加分子官能团和缺陷位点之间的有效结合从而保持足够高的光生载流子密度，使得 V_{OC} 损失降至最低。目前，相关领域已经研究了大量的钙钛矿表面钝化技术，包括钙钛矿膜表面的后处理[115,116]，以及钙钛矿和电荷传输层之间的界面工程[74,75]。近年来，在钙钛矿膜表面上沉积有机分子已成为 PSCs 领域关注的焦点。其中，苯基烷基铵盐是最常用的钝化剂之一[117]。例如，苯甲基溴化铵(PMABr)已被提出通过在界面处形成微结构来改变钙钛矿的表面形貌，同时提高效率和稳定性[118]。采用苯甲基氯化铵(PMACl)对钙钛矿表面进行改性，削弱了缺陷导致的非辐射复合效应。分别以无机钙钛矿和有机吸收剂作为顶部和底部子电池所制造的叠层器件实现了 18.06% 高的 PCE[119]。此外，苯乙基碘化铵(PEAI)还有效地减少了 PSCs 中的缺陷状态并抑制了非辐射复合，经认证的 PCE 为 23.3%[71]。

另外，通过所谓的场效应钝化(FEP)，在钙钛矿层和载流子传输层之间引入额外的功能层，也提供了对膜表面载流子密度的调制方法，该效应已被广泛应用于硅基光伏技术中[120]。界面处排列的偶极子层感应的外部电场可能会增强界面处的内建电场[121-123]，从而分离电子和空穴，抑制载流子在有源区复合[93]。例如，通过在钙钛矿层和空穴传输层之间添加 MoOx 偶极层诱导 FEP，产生了等效的分子钝化效果，从而增强了器件的 V_{OC}[124]。同时，Ansari 等人[125]将 AzPbI$_3$ 层引入到钙钛矿膜表面，实现了低至 0.37 V 的电压损失，其中 Az$^+$ 引入了偶极矩效应，从而改变了表面 W_F。此外，通过嵌入有机偶极分子，如铵盐[126]和噻嗪衍生物[127]，显示出能诱导定向偶极矩层的形成，使 V_{OC} 的有效增强。

人们自然希望通过添加剂分子的钝化效应和偶极场效应对器件的 V_{OC} 发挥协同改善效果[112]，有一些研究工作确实也进行了相关讨论[125,128]。然而，考虑到只有定向的偶极矩才有助于 V_{OC} 增强，目前研究者对偶极效应改善器件的 V_{OC} 仍存在较大争议，特别是对这种 V_{OC} 增强机制几乎没有深入的定量分析。在本章工作中，引入了后处理有机分子苯甲基碘化铵(PMAI)。这是表面钝化研究中最常用的有机碘化铵盐之一[129-131]，与另一种经典钝化分子苯乙基碘化铵(PEAI)相比，PMAI 能够充分利用其短链烷基铵的优势。其中，PMA$^+$ 离子可以与钙钛矿表面晶格分子键合，从而在钙钛矿层表面组装垂直取向的偶极矩。通过对载流子密度的定量分析，发现偶极矩诱导的 FEP 效应将空穴 QFLS 增加，从而使 V_{OC} 增加 100 mV 以上，这对器件中 V_{OC} 改善起着主要作用。此外，分子表面键合导致的化学钝化效应为器件 V_{OC} 的提高协同贡献了 40 mV。最终在 PMAI 处理的 FA-MA 型钙钛矿器件系统中实现了超过 1.175 V 的高 V_{OC}，相应的器件显示出 24.10% 的 PCE。

3.2 实验过程

3.2.1 钙钛矿吸光层制备

在本章的研究工作中，首先制备了正式 n-i-p 型结构的单结 PSCs，电荷传输层的制备工艺见 2.5 节，在旋涂钙钛矿吸光层前用紫外线臭氧清洁基底 10 min。

3.2.1.1 FA$_{1-x}$MA$_x$PbI$_3$ 型钙钛矿制备方案

前驱体溶液配置：采用两步旋涂法制备了 FA$_{1-x}$MA$_x$PbI$_3$ 型钙钛矿。首先配置 1.5 M PbI$_2$ 溶液，其中混合溶剂为 DMF∶DMSO（体积比为 9∶1），需在 70 ℃ 下搅拌过夜。然后配置混合阳离子溶液，在 1 mL IPA 溶液中加入 91 mg FAI、6.5 mg MAI 和 9.5 mg MACl，常温搅拌 30 min 即可过滤备用。

制备参数及细节：将上述过滤好的 PbI$_2$ 溶液以 1 500 r/min 旋涂在 SnO$_2$ 基底上 30 s，然后在 70 ℃ 下退火 1 min（目的是蒸发部分溶剂）。冷却后，随后将阳离子溶液以 2 000 r/min 旋涂到 PbI$_2$ 层上 30 s。最后，在环境湿度条件下，将旋涂好的薄膜在 150 ℃ 下退火 15 min。值得注意的是退火湿度需控制在 25% ~ 35%，因为已证明少量的水分有助于钙钛矿结晶。

3.2.1.2 MAPbI$_3$ 型钙钛矿制备方案

前驱体溶液配置：配置 1.3 mol/L PbI$_2$ 溶液在 70 ℃ 下搅拌过夜，其中混合溶剂为 DMF∶DMSO（体积比为 9∶1）。然后配置阳离子溶液，在 1 mL IPA 溶液中加入 60.4 mg MAI 和 4.7 mg MACl，常温搅拌 30 min。

制备参数及细节：采用两步旋涂法制备，如将过滤后的 PbI$_2$ 溶液以 2 300 r/min 旋涂在 SnO$_2$ 基底上 30 s，然后在 70 ℃ 下退火 1 min。冷却后，以 1 500 r/min 将 MAI/MACl 溶液旋涂在 PbI$_2$ 层上 30 s。然后，在环境空气条件下将薄膜在 150 ℃下退火 15 min。

3.2.1.3　FACsPbI₃型钙钛矿制备方案

前驱体溶液配置：首先称取 PbI$_2$（1.3 mmol）、FAI（1 mmol），CsCl（0.2 mmol）和 FACl 粉末（0.49 mmol）溶解在 1 mL DMF：DMSO（体积比为 4∶1）中来制备钙钛矿前驱体溶液，在室温下搅拌 6 h 过滤即可使用。

制备参数及细节：采用一步反溶剂法制备 FACsPbI$_3$型钙钛矿，调节旋涂参数以 1 000 r/min 持续 10 s 和 5 000 r/min 持续 25 s 来沉积钙钛矿，在程序结束前 10 s，将 200 μL CB 滴在涂膜的顶部。旋涂结束后，将薄膜放置在 N$_2$手套箱中的热台上以 150 ℃退火 30 min。

3.2.2　表面钝化层制备

本章节采用苯甲基碘化铵（PMAI）作为钙钛矿表面后处理的钝化材料。具体细节如下：精确配置 1 mg 至 15 mg 的 PMAI 粉末，然后分别加入 1 mL 的混合溶液，即 IPA∶TL（体积比 5∶5）。加入混合溶剂的目的是尽量避免 PMAI 钝化导致的低维钙钛矿相，后文会有详细讨论。将退火好的钙钛矿膜转移至 N$_2$手套箱中，然后将不同浓度的 PMAI 溶液以 5 000 r/min 的转速旋涂在钙钛矿表面上 30 s，无须进一步的退火步骤。

3.2.3　密度泛函理论模拟

本章节使用密度泛函理论（DFT）的方法，使用 Gaussian 09 程序包，在 B3LYP/6-31 + G 基组泛函上优化了 PMA$^+$ 和 PEA$^+$ 阳离子的基态结构[132,133]。对于分子吸附模型，定义了 PMA$^+$ 的吸附能为 $E_{ads} = E_{PMA^+/surf} - E_{surf} - E_{PMA^+(g)}$，其中 $E_{PMA+/surf}$、E_{surf}、$E_{PMA+(g)}$ 是吸附在表面上的 PMA$^+$ 的能量、洁净表面的能量和立方周期盒中孤立的 PMA$^+$ 的能量。Vienna Ab Initio Package（VASP）[134,135] 用于使用 Perdew-Burke-Ernzerhof（PBE）公式在广

义梯度近似内进行 DFT 计算。投影增强波(PAW)电势[136,137]用于描述离子核(ionic cores),并将价电子考虑在内。通过 Heyd、Scuseria 和 Ernzerhof(HSE06)[138]的混合筛选函数计算每个模型的态密度(DOS)。使用 4×4×4 Monkhorst-Pack k 点网格进行布里渊区取样,对立方 FAPbI₃单位晶胞的平衡晶格常数进行了优化。表面的 slab 是用 FAPbI₃(001)薄片模型构建,该模型在 x 和 y 方向上具有 p(2×2)的周期性,在 z 方向上有两个化学计量层,由真空层分隔。

3.2.4 wx-AMPS 模拟

利用一维模拟软件 wx-AMPS 对包括能级、电场和载流子密度进行了数值模拟。该软件求解了每个网格点的连续性方程和泊松方程,并根据两种不同的隧道模型(陷阱辅助隧穿和带内隧穿)计算了隧穿电流的影响。器件结构设置为二氧化锡/钙钛矿。二氧化锡的参数是基于 wx-AMPS 软件提供的默认值,厚度设为 100 nm。对于钙钛矿层,厚度为 800 nm,由 SEM 截面确定。随波长变化的吸收系数和带隙是通过紫外可见光测量得出的。价带 N_V 和导带 N_c 的有效态密度是根据 MAPbI₃[139]的报告值确定的,其他值是根据以前的工作确定的[140]。为了从计算和概念上进行研究,本次模拟忽略了 HTL 对界面偶极子研究的影响。模拟参数见表 3-1 所列。

表 3-1　用于 wx-AMPS 数值模拟的详细参数

参数	SnO₂	Perovskite
厚度/nm	100	800
介电常数	9	32
带隙/eV	3.6	1.53
亲和力/eV	4	3.9
价带密度/cm⁻³	2.2×10^{18}	1.9×10^{18}
导带态密度/cm⁻³	1.8×10^{19}	2.4×10^{18}

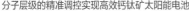

参数	SnO$_2$	Perovskite
电子迁移率/($cm^2 \cdot v^{-1} \cdot s^{-1}$)	100	0.5
空穴迁移率/($cm^2 \cdot v^{-1} \cdot s^{-1}$)	25	0.5
表面复合速度 S_0/($cm \cdot s^{-1}$)	10^4	10^4
表面复合速度 S_1/($cm \cdot s^{-1}$)	10^4	10^4
缺陷态密度/cm^{-3}	1×10^{15}	1×10^{15}

3.2.5 测试与表征

采用 Bruker D8 Advance 记录薄膜和粉末的 X 射线衍射图。GIWAXS 测量在 Xeuss 2.0 的小角 X 射线散射(SAXS)/广角 X 射线散射(WAXS)上进行,配备有 Cu X 射线源(8.05 keV,1.54 Å)和 Pilatus3R 300 K 探测器。本章节的测试选择三个入射角(0.1°、0.3°和1°)来探测不同深度钙钛矿的晶体结构。用电子能量为 10 keV 的 FEI Inspect F50 电子显微镜获得扫描电子显微镜图。使用 FluoTime300(PicoQuant)对稳态和时间分辨 PL 衰减进行了表征。脉冲能量在 510 nm 处被设置为 35 pJ,这对应于 $10^{16} cm^3$ 数量级的载流子密度激发。对于时间分辨 PL 测量,最终仪器响应函数优于 25 ps。激光二极管的重复频率设置为 103 226 Hz 和 45 007 Hz。XPS 由 Thermo Fisher Scientific Escalab 250 Xi 系统通过使用 He 放电灯(21.22 eV)检测,使用 284.8 eV 的污染碳校准 XPS 光谱。通过 Keithley 2400 数字源测量仪测量 *I-V* 曲线,并将设备置于氙灯模拟的 AM 1.5G 光下(100 mW cm^{-2},纽波特)。电池的有效面积由金属掩模(0.072 cm^2)限定。EIS 谱通过 IM6e 电化学工作站(Zennium Pro)获得。Mott-Schottky 分析是在 1 kHz 的频率下测量的,偏置电位为 0~1 V。TAS 是从频率相关电容和电压相关电容得出的。KPFM 测量通过 AFM(KEYSIGHT Technologies 7500)和 Pt 涂覆的导电悬臂探针(Bruker,型号:SCM-PIT-V2)进行。用 532 nm(1 000 Hz,3.2 ns)脉冲激光激发的系统进行瞬态光电流测量。用405 nm连续波(CW)激光器(MDL-Ⅲ-405)在相同系统进行瞬态光电压测量。使用数字示波器(Tektronix,MSO5204B)记录光电流或光电压衰减过程,阻抗匹配电阻分别为50 Ω和1 MΩ。

3.3 结果与讨论

3.3.1 混合溶剂辅助后处理对形貌和晶体结构的影响

低温制备的钙钛矿膜不可避免地在晶界和表面含有大量缺陷,如间隙、空位和悬空键等,这导致成为光生载流子的非辐射复合中心,从而威胁器件的效率和稳定性。这种表/界面缺陷的钝化一直都是太阳能电池中最重要的任务。到目前为止,已经开发出大量的钝化剂分子,并在界面处用作钝化夹层。然而,常规的钝化处理易导致在膜表面引入额外的二维钙钛矿。据报道,二维钙钛矿具有高激子结合能和低电荷载流子迁移率,以及顽固的面内取向,这都可能抑制电荷传输并削弱钝化效应[141]。本节首先介绍了用一种混合溶剂辅助后处理的策略,该策略可以有效避免上述常规钝化方法的不足。

本章节工作首先基于两步旋涂法制备了混合阳离子 $FA_{1-x}MA_xPbI_3$ 型钙钛矿吸光层,过程如图3-1(a)所示。首先将 PbI_2 前驱体溶液旋涂在 SnO_2 衬底上。然后,将包括碘化甲脒(FAI)、碘化甲铵(MAI)和氯化甲胺(MACl)的混合前驱体溶液旋涂在 PbI_2 层上,在150 ℃下退火,形成钙钛矿层。最后,将溶解在异丙醇(IPA)/甲苯(TL)的混合溶剂中的PMAI旋涂到钙钛矿表面上,而无需任何进一步的退火过程。图3-1(b)展示了 PMA^+ 电子云密度分布,在优化的结构下,它呈现出9.75德拜的偶极矩。表明 PMA^+ 有较强的极性,这种大的离子极性有助于增强与碘化铅骨架之间的相互作用[142]。通过改变后处理的混合溶剂的体积比，从图 3-2 的 SEM 结果可知，PMAI 处理后的钙钛矿层顶部出现了额外的薄物质，这归因于添加的 PMAI 盐在旋涂后聚集。随着混合溶剂中 TL 比例的增加，钙钛矿薄膜表面的形貌紊乱逐渐降低，这可能归因于低极性强度的 TL 对钙钛矿薄膜表面溶解有限。特别是当 IPA：TL 的体积比为 5：5 时，部分晶界位置被填充，这使得钝化后的薄膜连续均匀，有助于后续沉积 HTL 层。

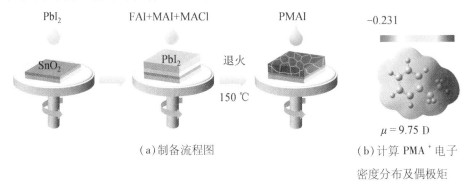

（a）制备流程图　　　（b）计算 PMA⁺电子密度分布及偶极矩

图 3-1　钙钛矿薄膜制备工艺示意图和结构示意图

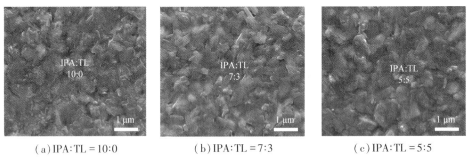

（a）IPA：TL = 10：0　　（b）IPA：TL = 7：3　　（c）IPA：TL = 5：5

图 3-2　不同体积比混合溶剂表面处理的形貌变化图

进一步通过 XRD 技术分析该过程的物相变化。如图 3-3 所示，当 IPA：TL 的体积比为 10：0，即溶剂中只有 IPA 时，在 7.3°出现了一个衍射峰，这表明形成了二维钙钛矿相。随着 TL 的加入，7.3°处的衍射峰消失，而在 6.1°处出现了新的衍射峰，这归因于 PMAI 本身的衍射信号。随着混合溶剂中 TL 比例的增加，6.1°处的衍射峰逐渐增强。通过合理调节 IPA 和 TL 的体积比，有效抑制了二维钙钛矿相的生成，这归因于混合溶剂中 TL 引入减少了 IPA 诱导薄膜表面暴露的 PbI_2 终端数量。因此，在本章节后续的研究中，为了避免在钝化处理过程中形成不可控的二维钙钛矿相，采用 IPA + TL 作为 PMAI 的溶剂。在前期的初步效率探索中，分别设置 IPA：TL 的体积比为 10:0、7:3、5:5 和 2:8。如图 3-4 所示，发现当 IPA：TL 最佳体积比为 5:5 时可以获得最高的 PCE 值。值得注意的是，随着混合溶剂中 IPA 的含量降低，器件 FF 显著增加。这强烈表明了二维钙钛矿相的存在不利于界面电荷的传输与提取，和先前的相关研究结果一致[71]。综上所述，通过调整 IPA 和 TL 的体积比，可以有效控制二维钙钛矿相的形成，从而优化 PSCs 的性能。

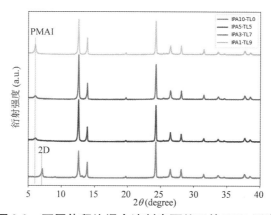

图 3-3　不同体积比混合溶剂表面处理的 XRD 图谱

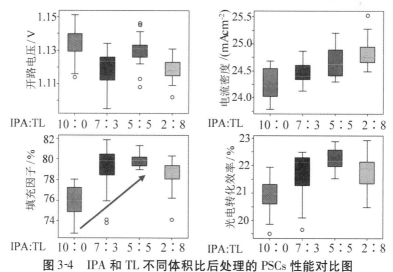

图 3-4　IPA 和 TL 不同体积比后处理的 PSCs 性能对比图

在本章后文中，图中标记原始未处理的对照组样品为 Control，而经

PMAI 处理后的样品标记为 PMAI。如图 3-5(c)和图 3-5(d)所示，AFM 的结果表明 PMAI 处理后薄膜表面粗糙度从 37.4 nm 降低至了 27.1 nm，这与 SEM 观察到的结果相一致。从图 3-5(e)中可以发现，在两个样品中都观察到了相似的钙钛矿晶格相，并且没有发现低维钙钛矿结构的额外 XRD 峰。特别的，从左上放大图可知，PMAI 处理后的薄膜在 6.1 °处的衍射峰位和单独旋涂 PMAI 膜的衍射峰位一致。进一步测试了不同 PMAI 浓度的后处理 XRD，如图 3-6(a)所示，随着 PMAI 铵盐浓度的增加，只有 PMAI 的衍射峰得到增强。此外，图 3-6(b)比较了旋涂 PMAI 膜和 PMAI 粉末的 XRD 衍射峰，可以推断 6.1 °的衍射峰是 PMAI 盐自身的衍射信号。

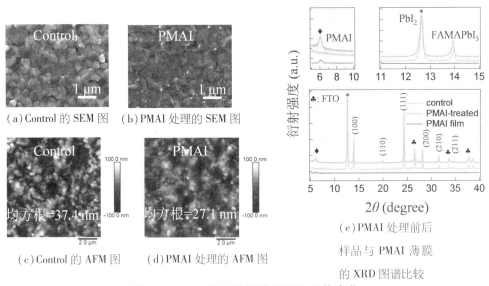

（a）Control 的 SEM 图　（b）PMAI 处理的 SEM 图

（c）Control 的 AFM 图　（d）PMAI 处理的 AFM 图

（e）PMAI 处理前后样品与 PMAI 薄膜的 XRD 图谱比较

图 3-5　PMAI 钝化前后的形貌和晶格变化

注：♦、* 和♣分别代表 PMAI、PbI₂ 和 FTO。

掠入射广角 X 射线散射（GIWAXS）用于进一步表征 PMAI 处理前后薄膜的晶体结构变化。通过调整 GIWAXS 中入射光束的掠入射角度来控制 X 射线穿透深度，可以研究薄膜内晶体结构的深度分布信息[143]。当入射角为 0.1 °时[图 3-7(a)]，由于 X 射线几乎全反射，因此只能检测到薄膜表面的结构信息。对于 0.3 °的入射角[图 3-7(d)]，GIWAXS 结果能反映钙钛矿膜的部分体相信息。对于 1 °的入射角[图 3-7(g)]，X 射线的完全穿透保证了对整个钙钛矿膜结构信息的检测[144]。与对照样品相比，在入射角为 0.1°的 GIWAXS 图中，q 为 0.437 Å^{-1} 处观察到 PMAI 铵盐的散射峰，与前面讨论的 XRD 结果一致。值得注意的是，随着 X 射线穿透深度的增加，来自 PbI$_2$ 和钙钛矿的散射信号逐渐增强，而 PMAI 的峰值强度几乎保持不变，表明 PMAI 主要保留在钙钛矿膜的表面。

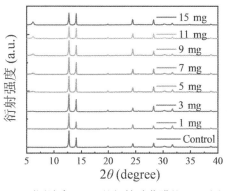

（a）不同浓度 PMAI 的钙钛矿薄膜的 XRD 图

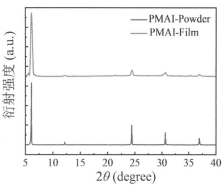

（b）PMAI 粉末和 PMAI 膜的 XRD 图

图 3-6　不同浓度 PMAI 后处理的晶格变化

（a）0.1°入射角
探测深度示意图

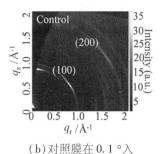

（b）对照膜在 0.1°入
射角下的 GIWAXS 图

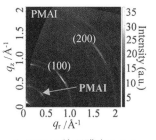

（c）PMAI 处理膜在 0.1°
入射角下的 GIWAXS 图

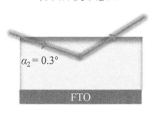

（d）0.3°入射角
探测深度示意图

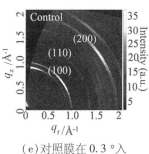

（e）对照膜在 0.3°入
射角下的 GIWAXS 图

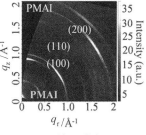

（f）PMAI 处理膜在 0.3°
入射角下的 GIWAXS 图

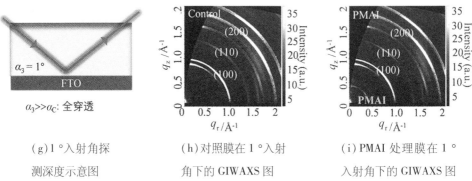

（g）1°入射角探
测深度示意图

（h）对照膜在 1°入射
角下的 GIWAXS 图

（i）PMAI 处理膜在 1°
入射角下的 GIWAXS 图

图 3-7　不同掠入射角度的钙钛矿薄膜 GIWAXS 图

注：α_c 为临界角。

　　根据极强度分布图，积分并计算了 PMAI 位于 q 为 0.437 Å^{-1} 散射峰与钙钛矿（100）晶面位于 q 为 1.0 Å^{-1} 放射峰的强度比。结果如图 3-8（a）所示，随着入射角度的增加，其比值逐渐减少。这进一步证明了 PMAI 存在于钙钛矿膜的表面。此外，还计算了 PbI$_2$（q 为 0.306 Å^{-1}）和钙钛矿（100）相的强度比，在三个不同掠入射深度下，发现 PMAI 处理的膜都显示出较少的 PbI$_2$ 残留[图 3-8（b）]。相应的强度分布如图 3-8（c）和图 3-8（d）所示，当增大掠入射角，特别是当 q 为 1.0 Å^{-1} 时，GIWAXS 图中位于 q 为 0.306 Å^{-1} 和 0.554 Å^{-1} 处出现了两个非常模糊的散射峰，这对应准二维的钙钛矿相。尽管如此，可以发现低维钙钛矿相的量有限，几乎可以忽略。事实上，这种极微量低维信号可能是由于测试过程暴露空气中较长时间。

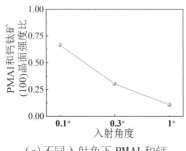

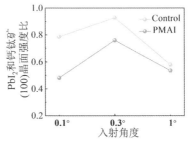

（a）不同入射角下 PMAI 和钙
钛矿（100）晶面的散射强度比

（b）不同入射角下对照组和 PMAI 处理的钙
钛矿膜的 PbI$_2$ 和钙钛矿（100）晶面相强度比

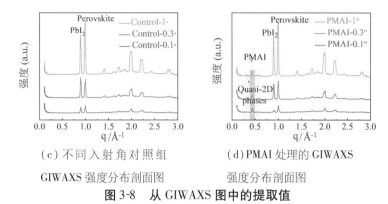

（c）不同入射角对照组
GIWAXS 强度分布剖面图

（d）PMAI 处理的 GIWAXS
强度分布剖面图

图 3-8　从 GIWAXS 图中的提取值

在图 3-9（a）和图 3-9（b）总结了不同掠入射角下对照组和 PMAI 处理膜的 GIWAXS 极强度分布图，以评估钙钛矿膜的晶体取向。两种钙钛矿膜在 55°时都呈现出优选的取向，而 PMAI 处理膜由于半峰宽（FWHM）值更小揭示其优选的晶体取向［图 3-9（c）］。至此，通过多种精细的表征可以认定 SEM 图中钙钛矿膜表面的物质为 PMAI 盐。因此，本章后续的研究合理忽略了钙钛矿膜表面的极少量低维钙钛矿，因为本书认为钙钛矿膜表面主要是由 PMAI 盐自身构成。

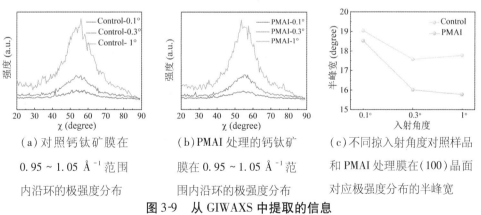

（a）对照钙钛矿膜在
0.95 ~ 1.05 Å⁻¹ 范围
内沿环的极强度分布

（b）PMAI 处理的钙钛矿
膜在 0.95 ~ 1.05 Å⁻¹ 范
围内沿环的极强度分布

（c）不同掠入射角度对照样品
和 PMAI 处理膜在（100）晶面
对应极强度分布的半峰宽

图 3-9　从 GIWAXS 中提取的信息

使用 UV-Vis 光谱研究了 PMAI 处理前后的吸光性能的变化，结果如图 3-10（a）所示。可以发现，PMAI 处理并没有影响薄膜的光学性质，这可能归因于钝化膜表面 PMAI 层非常薄。根据 Tauc plot 方法，计算了薄膜的光学带隙，如图 3-10（b）所示。结果证实了 PMAI 钝化前后样品的光学带隙保持不变，均为 1.54 eV。

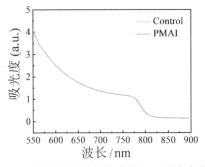

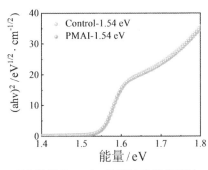

（a）PMAI 处理前后的钙钛矿 UV-vis 吸收光谱图　　（b）利用 Tauc plot 计算的光学带隙图

图 3-10　钙钛矿吸收光谱和光学带隙图

3.3.2　PMAI 处理与钙钛矿表面键合分析

　　PMAI 中的铵基可以与配位不足的 I^- 或 Pb^{2+} 结合，会产生潜在的化学钝化效应，如图 3-11 所示。此外，I^- 还可能钝化晶界处的空位缺陷，应用 XPS 研究 PMAI 与钙钛矿的化学相互作用。如图 3-12（a）所示，在 PMAI 处理后，402 eV 结合能处出现额外的新峰，该峰归属于 PMA^+ 中的 N 1s 轨道，从而证实了 PMA^+ 在钙钛矿表面的存在[112,145]。此外，与对照膜相比，在图 3-12（b）和图 3-12（c）中观察到 Pb 4f 和 I 3d 峰在 PMAI 处理后显示出向高结合能处移动。这种移动证实了 PMA^+ 与 I^- 和 Pb^{2+} 之间的有效键合。PMAI 处理还减小 Pb^0 的峰，Pb^0 深能级缺陷是导致器件效率下降的载流子复合中心[146]。有趣的是，PMAI 处理后，源自外部与水氧相关的 C ═O 峰（288.2 eV）被显著抑制，表明疏水性的苯环结构有利于减缓钙钛矿的降解[71]。

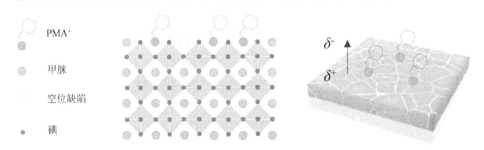

图 3-11　钙钛矿膜表面的 PMAI 层的潜在钝化机理图

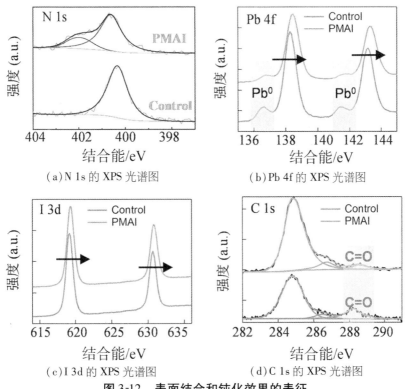

（a）N 1s 的 XPS 光谱图　　　　（b）Pb 4f 的 XPS 光谱图

（c）I 3d 的 XPS 光谱图　　　　（d）C 1s 的 XPS 光谱图

图 3-12　表面结合和钝化效果的表征

归一化的光致发光（PL）光谱测量结果如图 3-13（a）中，明显可以看出，经 PMAI 处理的钙钛矿膜的 PL 发射强度得到了显著增强，这一变化指示了缺陷态得到了有效的抑制。同时，时间分辨光致发光（TRPL）的测量结果也在图 3-13（b）中，采用了双指数衰减函数对曲线进行了拟合，拟合公式为

$$I(t) = I_0 + A_1 \exp\left(-\frac{t}{\tau_1}\right) + A_2 \exp\left(-\frac{t}{\tau_2}\right) \tag{2-24}$$

式中，A_1 和 A_2 分别是相对衰减幅度；τ_1 和 τ_2 是衰减时间常数。平均寿命 τ_{ave} 可由式（2-25）得出

$$\tau_{\text{ave}} = \frac{A_1 \tau_1^2 + A_2 \tau_2^2}{A_1 \tau_1 + A_2 \tau_2} \tag{2-25}$$

拟合后的各项参数见表 3-2 所列，结果光载流子寿命从对照组的 700 ns 显著延长到 1.9 μs，这是表面钝化效应的直接结果。

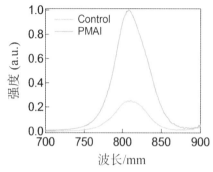
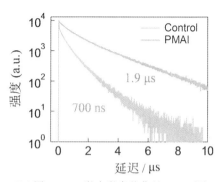

（a）PMAI 处理前后的稳态 PL 图　　　（b）用 510 nm 激光激发收集的 TRPL 图

图 3-13　钙钛矿薄膜的光致发光光谱图

表 3-2　通过双指数模型对钛矿薄膜的 TRPL 拟合参数

样品	A_1	$\tau_1/\mu s$	A_2	$\tau_2/\mu s$	$\tau_{ave}/\mu s$
Control	2 016.9	0.946	3 826.9	0.295	0.704
PMAI	3 969.7	2.380	4 745.2	0.697	1.944

　　采用密度泛函理论（DFT）进行态密度模拟，结果也显示出在 PMA$^+$ 的钝化作用下，陷阱态被有效地消除，如图 3-14（a）所示。此外，基于第一性原理的模拟进一步证明了 PMA$^+$ 和钙钛矿晶格之间形成了牢固的化学键，其吸附能为 -1.37 eV。这一负值的吸附能表明 PMA$^+$ 能够在钙钛矿表面自发地进行吸附。同时，模拟的结果还揭示了当系统达到最低吉布斯自由能的状态时，PMA$^+$ 分子最有可能采取的构型是自发地垂直排列，并将正电荷端对准钙钛矿表面，如图 3-14（b）所示。事实上，这种自发取向的构型得益于短的碳支链的设计，它允许带负电的苯环享有更小的自由倾斜度，从而优化了分子与钙钛矿表面的相互作用。

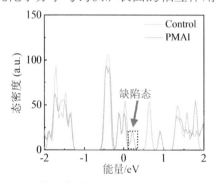
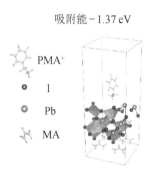

（a）PMAI 处理前后的 FAPbI₃（001）晶面的态密度　　（b）优化后 PMA$^+$ 在钙钛矿表面的吸附模型

图 3-14　PMAI 钝化的模拟结构

为了验证 PMAI 在钙钛矿表面键合自组装效果，本书使用校准过的开尔文探针力显微镜（KPFM）来进行 W_F 相关测量，如图 3-15(a) 和图 3-15(b) 所示。值得注意的是，一些先前的研究可能不正确地使用了 KPFM 技术进行接触电势差（CPD）相关的测试，其中 CPD 被定义为样品与探针 W_F 之间的电势差值。一个关键的考量是 W_F 应在存在自由电荷载流子的情况下进行测量。鉴于此，在本章所述的 KPFM 实验中，通过引入光纤卤素光源照明，精心设计了 CPD 的测量过程。作为首要步骤，本书使用标准 Au 膜基底来校准 KPFM 的探针 W_F，得到的结果如图 3-15(c) 和图 3-15(d) 所示。测量得到的 Au 膜表面的平均 CPD 为 −106 mV，已知 Au 的标准 W_F 为 5.1 eV。据此，根据公式，计算可得到探针尖端的电势为 4.994 V。

接着测试了钙钛矿膜表面 PMAI 处理前后的 CPD 变化，如图 3-16(a) 和图 3-16(b) 所示。与未经处理的对照组薄膜相比较，经过 PMAI 处理的膜表面显示出更加均匀的电势分布，这有利于降低器件中的非辐射复合。CPD 分布如图 3-16(c) 所示，根据式(2-26)可计算 PMAI 处理前后的膜表面 W_F 变化：

$$\Phi_{sample} = \Phi_{Au} + e(CPD_{Au} - CPD_{sample}) \tag{2-26}$$

通过计算，得出 PMAI 处理前后的 W_F 分别为 4.44 eV 和 4.54 eV。经过 PMAI 处理的膜表面 W_F 显著增加，这表明在钙钛矿活性层与 HTL 之间形成了具有正电荷端指向钙钛矿活性层、负电荷端指向 HTL 层的界面偶极[147]。W_F 增加 100 meV 表明空穴提取能力增强（与电子提取相反），意味着 PMAI 界面偶极层使相应 V_{OC} 损失被抑制了 100 mV 以上。

(a)无 PMAI 钝化层的 KPFM 测试示意图　　(b)有 PMAI 钝化层的 KPFM 测试示意图

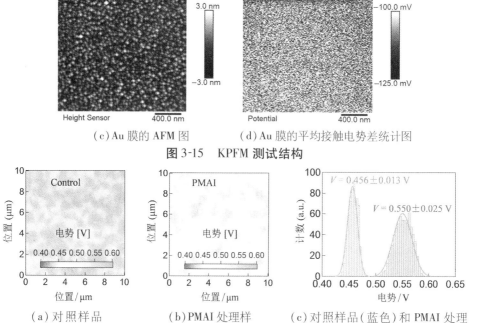

(c) Au 膜的 AFM 图 (d) Au 膜的平均接触电势差统计图

图 3-15 KPFM 测试结构

(a) 对照样品
的 CPD 分布图

(b) PMAI 处理样
品的 CPD 分布图

(c) 对照样品(蓝色)和 PMAI 处理
(橙色)薄膜的 CPD 分布柱状统计图

图 3-16 KPFM 测量表面 CPD 差异

3.3.3 PMAI 钝化对 PSCs 光伏性能的影响

接着,本章制备了基于平面异质结构的 FTO、SnO_2、$FA_{1-x}MA_xPbI_3$、PMAI、Spiro-OMeTAD、Au 型 PSCs 器件,如图 3-17(a)所示。横截面 SEM 的结果表明钙钛矿层的厚度约为 800 nm,如图 3-17(b)所示。在原始钙钛矿膜上进行 PMAI 后处理后,PSCs 的平均 V_{OC} 从 1.06 V 显著增加到 1.16 V,提升了约 100 mV,其中平均 PCE 从 20.70% 增加到 23.40%,如图 3-17(c)和图 3-17(d)所示。

对不同浓度的 PMAI 后处理及其对器件性能影响的研究表明(图 3-18),随着 PMAI 浓度的增加,器件的 V_{OC} 呈先上升后达到饱和的现象,这一现象可能与单分子层吸附的极限有关[148]。值得注意的是,当 PMAI 浓度过高时,导电性较差的 PMAI 层会阻碍光生载流子跨界面的传输,从而使得器件的 FF 逐渐降低。此外,发现 PMAI 后处理并不会影响器件的 J_{SC}。经优化后，确定了最佳的 PMAI 后处理浓度为 9 mg/mL。在此条件下实现了 24.10% 的 PCE，对应于 1.175 V 的高 V_{OC}、24.88 mA·cm^{-2} 的 J_{sc} 和高达 82.44% 的 FF。并且，该器件的 J-V 迟滞几乎可以忽略不计，如图 3-19(a) 所示。在 1.02 V 的恒定偏压下的准稳态输出效率高达为 23.56%，如图 3-19 (b) 所示。EQE 测量的积分电流密度为 24.69 mA·cm^{-2}，与 J-V 测量的电流密度匹配度很高，保证了 PCE 测量的准确性，如图 3-19(c) 所示。

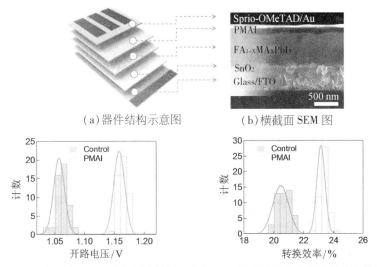

(a) 器件结构示意图　　　(b) 横截面 SEM 图

(c) PMAI 处理前后的开路电压统计图　(d) PMAI 处理前后光电转换效率的统计图

图 3-17　PSCs 的器件结构及光伏性能统计

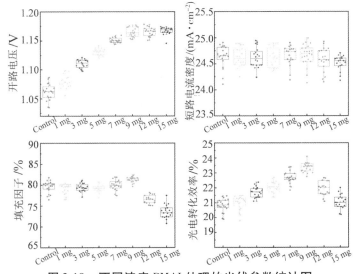

图 3-18　不同浓度 PMAI 处理的光伏参数统计图

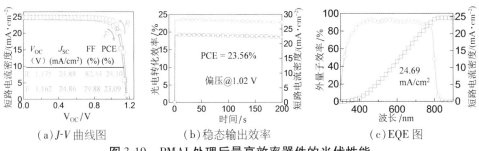

(a)J-V曲线图　　　　(b)稳态输出效率　　　　(c)EQE图

图 3-19　PMAI 处理后最高效率器件的光伏性能

3.3.4　PMAI 界面钝化光电特性及稳定性影响

接下来，本书进一步研究了 PMAI 处理前后在运行条件下器件中的载流子行为。为了更直观地展示这一研究结果，本书绘制了图 3-20(a)，由图可见 PMAI 处理器件的光电压衰减(TPV)寿命显著增加。这表明经过这种处理的器件具有更低的整体 Shockley-Read-Hall(SRH)复合率，可能归因于 PMA^+ 抑制了表面复合过程。此外，还进行了电化学阻抗谱(EIS)测量，图 3-20(b)展示了有和没有 PMAI 处理的器件在阻抗特性的差异。在进行测量时应确保测试条件保持一致，即在完全黑暗的环境中，对器件施加了 1.0 V 的偏压。此外，等效电路模型如图 3-20(b)中的插图所示，并在表 3-3 中列出了拟合结果。可见，PMAI 处理的器件在高频区具有较小的电荷转移电阻(R_{ct})。这表明有效的电荷转移过程会导致在器件中观察到的 FF 会提高。

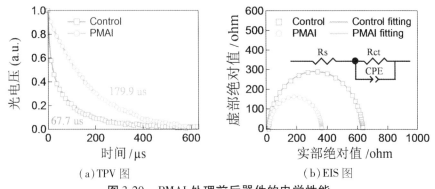

(a)TPV 图　　　　　　(b)EIS 图

图 3-20　PMAI 处理前后器件的电学性能

表 3-3 阻抗谱拟合参数总结

Sample	R_s/Ω	R_{ct}/Ω	*CPE*
Control	10.6	619	8.85×10^{-8}
PMAI	9.1	354	12.7×10^{-8}

本章还进一步探究了器件的环境储存稳定性和连续光浸泡下的操作稳定性。本章的光照稳定性监测是在环境湿度下的空气中进行，使用紫外固化胶对器件进行了简单的封装处理以进行光浸泡测试。对照组样品在光照下效率持续降低，而经 PMAI 处理后的样品在连续光照射下 120 h 后仍能保持 80% 以上，如图 3-21(a)所示。此外，还对器件的长期储存稳定性进行了跟踪研究，通过定期测试器件的 *J-V* 曲线，可以监测其性能随时间的变化情况。实验结果表明 PMAI 处理能显著提升器件的储存稳定性，如图 3-21(b)所示。本书认为，这种稳定性的提升主要是由于 PMAI 中的苯环结构具有较强的疏水性，有助于抵御环境中的湿气侵蚀。同时，PMAI 处理还有效地抑制了器件中的离子迁移，进一步保护了器件的性能不受损害。

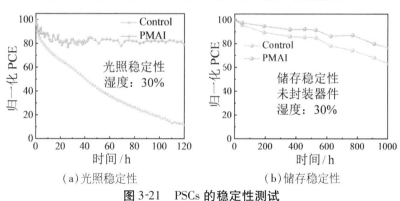

(a)光照稳定性　　(b)储存稳定性

图 3-21 PSCs 的稳定性测试

3.3.5 PMAI 界面钝化机理研究

通过对前文所述的器件光伏性能进行分析，本书发现在钙钛矿表面进行 PMAI 钝化处理后，与未钝化的器件相比，PMAI 后处理使得器件平均

V_{OC} 增加 100 mV 以上。基于此，本书进行了实验和数值模拟分析，揭示了极性分子钝化对 V_{OC} 的影响机制。

首先，本书考虑用表面缺陷密度的变化来估计由缺陷钝化效应导致的 V_{OC} 增强，如图 3-22(a)所示。因此进行了热导纳光谱(TAS)测量。它能够解析钙钛矿膜中缺陷密度的能量相关分布，如图 3-22(b)所示。TAS 测量的详细信息见 2.4.2 节。其结果表明：与对照装置相比，经 PMAI 处理的装置表现出明显降低的缺陷态密度。其次，考虑薄膜上表面经 PMAI 处理，而没有进一步的处理，如退火步骤，因此缺陷态的总体减少可能是由于表面缺陷的变化。这里，TAS 的变化可以反映表面缺陷密度的变化，而合理地假设只有薄膜的表面被 PMAI 改性。此外，0.3 ~ 0.52 eV 的缺陷态通常被分配为表面深能级缺陷[149]。

通过 QFLS 与 V_{OC} 的粗略近似关系，使用式(2-27)计算了由缺陷钝化导致的 V_{OC} 的变化：

$$V_{OC} = E_{F_n} - E_{F_p} = E_C + kT \cdot \ln\left(\frac{n}{N_c}\right) + kT \cdot \ln\left(\frac{p}{N_V}\right) \tag{2-27}$$

式中，E_{F_n} 和 E_{F_p} 分别代表电子和空穴的准费米能级；N_C 和 N_V 分别表示导带和价带的有效态密度；n 和 p 代表电子和空穴密度。考虑 PMAI 处理仅与上界面(钙钛矿和 HTL 界面)相关，因此 n 值未改变。此外，N_C 和 N_V 仅由电子和空穴本征有效质量决定，因此值也未改变。p 值仅和缺陷态密度的变化量($\Delta tDOS$)相关。因此 V_{OC} 的变化由式(2-28)决定[139]：

$$\Delta V_{OC} = KT \cdot \ln\left(\frac{p}{p_0}\right) = KT \cdot \ln\left(\frac{p_0 + \Delta tDOS}{p_0}\right) \tag{2-28}$$

式中，p 和 p_0 表示 PMAI 处理前后的空穴密度。将图 3-22(b)中两条曲线积分做差可得空穴密度的变化量，即将缺陷密度的变化量等价于载流子密度的变化量。总之，根据 TAS 结果可知，分子化学钝化效应引起的表面缺陷态的变化将载流子密度增加 6×10^{13} cm^{-3} [148]。事实上，假设陷阱活性层厚度为 10 nm，表面载流子密度增加 5×10^{15} cm^{-3} 的合理近似值。利用式(2-28)进一步估计 PMAI 表面钝化处理能获得的最大 V_{OC}，其值上限为 ΔV_{OC}

=40 mV，如图 3-22（c）所示。显然，缺陷钝化效应导致的 V_{OC} 增加并不能压倒性地计入总体 ΔV_{OC} 增强超过 100 mV。

因此，PMA^+ 偶极诱导的表面电势必须包括在内。XPS 测量表明，PMA^+ 部分与钙钛矿表面的悬空 Pb 缺陷相结合。根据分子构型及第一性原理模拟，预计 PMA^+ 处理会在钙钛矿层和空穴传输层（HTL）形成自定向的偶极层。这种界面处沿着内置电场排列偶极方向与内建电场方向一致[图 3-22（d）]，从而导致器件实际内置电场得到增强。Mott-Schottky 数据支持了 PMAI 处理样品和对照样品之间的内置电位差（V_{bi}）[150]。图 3-22（e）展示了两种器件典型的耗尽层行为（C_{dl}），以及可忽略不计的低频过量电容（C_s）。与对照样品相比，经 PMAI 处理的样品 V_{bi} 增加 60 mV。V_{bi} 的增加是 PMAI 处理器件中 V_{bi} 较高的原因。其结果证明了 PMAI 处理确实会增强器件的内建电场。内建电场的增强效应如图 3-22（f）所示，即从钙钛矿指向 HTL 的电场驱动空穴传输，同时将电子排斥回钙钛矿层，因此界面处发生的复合将大大减少，这等效于 FEP。

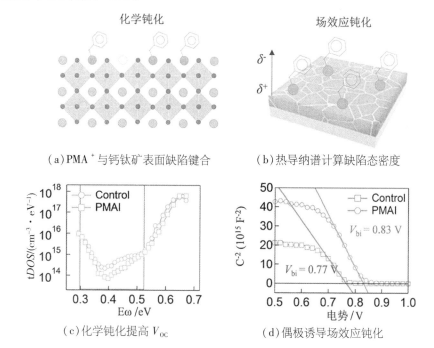

（a）PMA^+ 与钙钛矿表面缺陷键合 　（b）热导纳谱计算缺陷态密度

（c）化学钝化提高 V_{OC} 　（d）偶极诱导场效应钝化

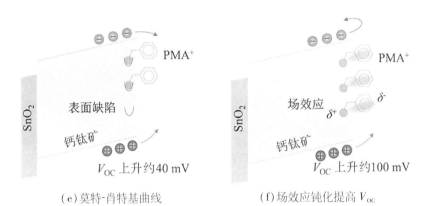

(e) 莫特-肖特基曲线　　　　　　(f) 场效应钝化提高 V_{OC}

图 3-22　化学钝化和场效应钝化

接着，对偶极子 FEP 进行定量分析。通过使用一维器件模拟器 wx-AMPS 对载流子密度进行模拟。该软件可求解每个网格点的连续性方程和泊松方程，给出了载流子扩散和复微分方程的解[151]。本节重点研究了在钙钛矿界面处因内建电场增强所引起的空穴密度变化情况，模拟参数的详细信息如前所述。该研究引入向上能带弯曲来模拟 PMA$^+$ 偶极效应，从而增强器件内建电场。该模拟研究采用 SnO$_2$/钙钛矿的器件结构。图 3-23(a) 为在 AM 1.5G 照明下有或无界面偶极层的模拟能带排列图，其中附加的弯曲带能量被设置为 50 meV。引入界面偶极后，电子/空穴准费米能级(E_{F_n} 和 E_{F_p})分裂变大，表明了界面处内建电场的增加。此外，还检查了 PSCs 中的电场和复合的一维分布，如图 3-23(b) 所示，沿着厚度方向的电场均有所增加。特别是在后界面处，电场几乎陡增了 1 个数量级。更大的内建电场通过促进电子-空穴的分离，从而降低了载流子复合概率。与没有界面偶极的钙钛矿膜相比，引入界面偶极后界面处的空穴密度显著增加几个数量级，如图 3-23(c) 所示。因此，该研究清楚地揭示了增强的内建场对载流子复合的抑制作用。从图 3-23 还可以看出，界面偶极子导致能带从钙钛矿向上弯曲到后表面。这些数值建模结果表明，PMA$^+$ 夹层引起的界面偶极子可以诱导 FEP，即增强了 PSCs 的内置电场并减少了重组。

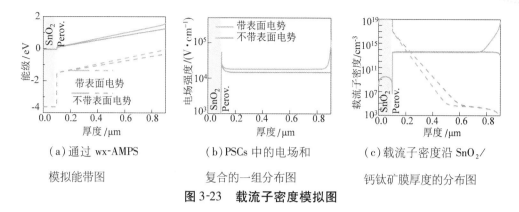

（a）通过 wx-AMPS

模拟能带图

（b）PSCs 中的电场和

复合的一组分布图

（c）载流子密度沿 SnO₂/

钙钛矿膜厚度的分布图

图 3-23　载流子密度模拟图

因此，本节根据电场效应的等效钝化效果来研究 PMA⁺ 偶极效应。从 QFLS 的角度来看，再次应用简单近似来量化 V_{OC}，其会随着空穴密度的增加而增加。由空穴密度引起的电压损失 $V_{loss} = kT \cdot \ln(p/N_V)$。根据器件模拟对界面处空穴密度变化的估计，发现由空穴密度的增加引起的 QFLS 使得 V_{loss} 降低了超过 100 mV。这十分接近在器件层面观察到的平均 V_{OC} 增加 100 mV。因此，本书认为偶极诱导的 FEP 是器件 V_{OC} 增加的主要原因。同时结合分子键合的化学钝化效应，二者最终共同促成了器件中的 V_{OC} 提升。

本章从钝化效应的角度出发（包括分子键合的化学钝化和界面偶极场效应），对空穴密度的变化进行了详尽的解释。研究发现，分子键合的化学钝化和界面偶极场效应共同促成器件 V_{OC} 增益高达 100 mV。本书注意到虽然 PEA⁺ 的偶极矩比 PMA⁺ 更大，如图 3-24（a）所示，但模拟研究的结果表明，这种苯环吸附构型可能很容易改变。因为在其支链上多了一个碳，这个额外的碳原子增加了分子间的自由度，从而与 PMA⁺ 相比，可能导致 PEA⁺ 引起的偶极诱导 FEP 可能较少。图 3-24（b）展示了实验数据，对比了经过 PEAI 和 PMAI 处理的器件发现，PEAI 处理的器件在 V_{OC} 上的增加并不像 PMAI 处理的器件那样显著。这个结果与 Jiang[71] 等人的研究中的 PEAI 使器件 V_{OC} 提高 60 mV 的结果一致。

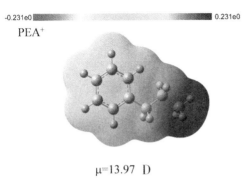

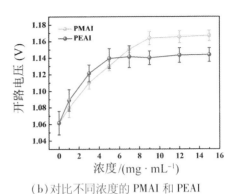

（a）计算 PEA$^+$ 电子云密度分布及偶极矩　　（b）对比不同浓度的 PMAI 和 PEAI

后处理导致器件 V_{oc} 的变化趋势

图 3-24　PEA$^+$ 钝化处理对器件性能的影响

最后，为了全面评估所提出的有机极性分子表面改性策略的适用性和有效性，本书进一步将这一策略应用到其他具有代表性的钙钛矿太阳能电池中。具体来说，本书挑选了两种典型的钙钛矿组成结构进行深入研究，如被广泛研究和应用的典型 MAPbI$_3$ 型和无 MA 的 FACsPbI$_3$ 型。关于这些体系的详细器件制备过程，已经在本书的相关实验部分进行了详尽的阐述和说明，以确保读者能够充分理解实验设计和执行的每个细节。在 MAPbI$_3$ 和 FACsPbI$_3$ 体系中分别制备了 25 个和 15 个独立的子电池样品，并通过严格的实验程序对它们的性能进行了评估。所得数据的统计分析结果分别呈现在图 3-25 和图 3-26 中。通过对比实验结果发现，在这两种不同的钙钛矿体系中都能观察到 V_{oc} 和 FF 显著提高，而对 J_{sc} 影响不大。这一发现与本书的实验预期一致，表明了这种有机极性分子表面改性策略不仅在特定的钙钛矿体系中有效，而且具有广泛的适用性，能够在不同的钙钛矿太阳能电池材料体系中实现性能的提升。

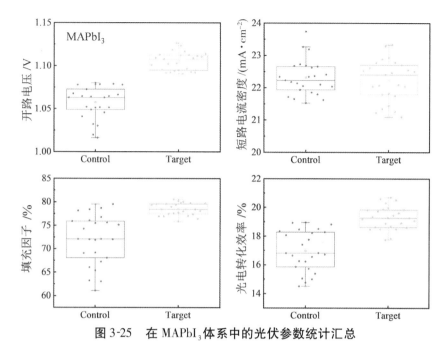

图 3-25　在 MAPbI₃ 体系中的光伏参数统计汇总

注：基于 25 个子电池的对照组和目标组（OAI + PMAI 处理）的光伏参数统计汇总。

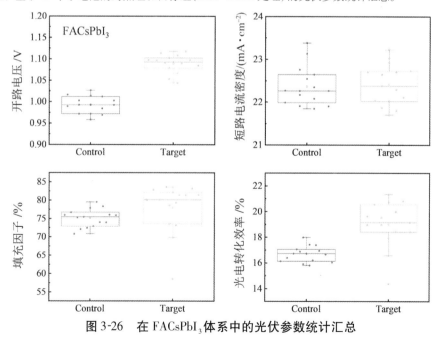

图 3-26　在 FACsPbI₃ 体系中的光伏参数统计汇总

注：基于 15 个子电池的对照组和目标组（OAI + PMAI 处理）的光伏参数统计汇总。

3.4 本章小结

　　本章首先提出了一种混合溶剂辅助后处理的策略。通过该策略实施的有机极性分子 PMAI 表面钝化处理被证实能够有效避免低维钙钛矿相的生成。此外，本章的研究工作还证明了 PMAI 偶极层的表面处理策略能有效提高 PSCs 的性能，其最高效率器件实现了 1.175 V 的高 V_{OC} 和 24.10% 的 PCE，其中器件平均 V_{OC} 提升超过 100 mV。特别是，本书证明了定向的 PMA$^+$ 偶极子诱导的 FEP 可以显著抑制载流子复合，从而在界面处增加空穴密度。本章研究工作定量地提出，缺陷键合的化学钝化效应和偶极场效应共同改善器件中的 V_{OC}。而 PMAI 偶极 FEP 是器件 V_{OC} 改善的主要因素。本章研究结果提供了对在钙钛矿器件中采用有机极性分子表面改性的全面理解，这表明使用常见的表面钝化处理就可以实现高的 V_{OC}。

第四章

基于双分子动力学竞争吸附的表面缺陷钝化研究

4.1 引言

PSCs 具有平面异质结结构，钙钛矿光吸收层被夹在空穴和电子传输层之间。因此，界面接触本质上对于实现高效和稳定的平面结构 PSCs 特别重要。尽管钙钛矿材料在体相是耐缺陷的[152]，然而，晶界（GB）和表面存在的大量深能级缺陷[72,153]。这使得薄膜表面是最有可能形成缺陷的活性位点，缺陷密度比钙钛矿膜体相大几个数量级[154,155]。这些缺陷在带隙内引入电子态，成为非辐射复合中心，阻碍了界面载流子传输，从而影响器件性能[156,157]。同时，这些缺陷也会导致电荷积累和离子迁移加速，最终导致热、湿气和光诱导的降解[158,159]。因此，迫切需要抑制界面缺陷，以减轻钙钛矿和相邻载流子传输层之间的界面复合和载流子提取损失[160,161]。

为了解决钙钛矿表面缺陷导致的器件性能下降问题，不少研究者已经采用基于有机配体的缺陷钝化方法来减轻 PSCs 界面处的陷阱和非辐射复合效应。这种有机配体包括有机小分子[162,163]、聚合物[164,165]和路易斯酸/碱[166,167]等，它们的分子结构、官能团和烷基链长度在钝化效应中起着重要作用[162]。已经证明，苯甲基氯化铵（PMACl）[168]、苯甲基溴化铵（PMABr）[118]和邻氟苄胺（2F-PMAI）[169]等配体能够有效地钝化钙钛矿表面。这些配体可以与钙钛矿表面缺陷相互作用，同时通过偶极场效应协同克服非辐射损失[95]。然而，使用这些配体的表面钝化倾向于形成厚度和空间分布不可控的低维钙钛矿层。由于低维钙钛矿具有较大的激子结合能和量子约束性质，可能会限制电荷在异质界面上的传输[170-172]。因此，迫切需要在后沉积阶段开发一种简单、有效的表面钝化方法，以提高器件性能。

第三章的研究工作提出了采用混合溶剂辅助策略可以限制大阳离子后处理过程的低维结构形成；然而考虑到混合溶剂中的甲苯毒性，急需开发一种环境友好性的策略。事实上，通过在退火后处理的精确调节[71]、调节钝化剂浓度[118]和分子尺寸设计[173]等也可实现抑制低维的效果，但钙钛矿膜表面的电子和化学性质仍然可能会发生变化。此外，作者所在的课题组之前的工作还表明，如果仅使用单个分子进行钝化，对钙钛矿膜上缺陷的抑制具有吸附极限，会导致缺陷位点的配位不足[148]。因此，依靠单一分子进行缺陷钝化的同时抑制低维结构的形成是非常具有挑战性的。

本章设计了一种双分子钝化策略，该策略充分利用了 PMAI 和 OAI 在钙钛矿表面的动力学竞争吸附。发现单独使用 PMAI 会诱导膜表面层转变为不可控的低维钙钛矿，阻碍载流子在界面上的传输。而单独使用 OAI 虽然增加了低维钙钛矿的形成能，但由于长烷基链的倾斜或扭曲，其钝化效果不太明显。有趣的是，OAI + PMAI 的双分子钝化通过利用 OAI 的大分子极性导致的快速吸附来削弱了 PMAI 诱导的膜表面层转变。此外，OAI + PMAI 双分子钝化还能够优化钙钛矿膜的表面形貌、降低陷阱态密度，同时优化界面能级排列，促进钙钛矿/HTL 界面的电荷分离和提取。因此，增强的钝化效应促成单结 PSCs 的功率转换效率（PCE）达到 25.23%（认证为 25.0%）。这是当时两步法制备 MA-FA 杂化型 PSCs 的最高 PCE。双分子处理的器件也表现出卓越的稳定性：在连续照明下进行 1 000 h 的最大功率点跟踪（MPPT）后，未封装的电池保持其初始效率的 88% 以上。本章的研究工作揭示了一种新的钝化机制，该机制利用了有机铵盐配体的动态吸附特性，从而为实现高性能 PSCs 建立了指导方针。

4.2 实验过程

在本章节中，制备了正式结构的 PSCs，其结构自下而上分别为玻璃、FTO、SnO_2、Perovskite、Passivation layer、Spiro-OMeTAD、Au。除钙钛矿层和钝化层外，其他层的工艺如第二章实验细节处所述。

4.2.1 钙钛矿层制备

制备钙钛矿层首先要配置 1.5 M PbI_2 溶解在 DMF：DMSO（9：1）溶剂中，并在 70 ℃ 下搅拌过夜；然后配置混合阳离子溶液，即将 90 mg FAI、6 mg MAI、9 mg MACl 溶解在 1 mL IPA 中，注意不要加热搅拌，仅需常温搅拌 30 min 即可过滤使用。

将退火后的 SnO_2 层使用紫外线臭氧彻底清洁基底 10 min，然后迅速转移到氮气手套箱中。将过滤后的 PbI_2 溶液以 1 500 r/min 旋涂在 SnO_2 衬底上 30 s，再 70 ℃ 退火 1 min。冷却后，随后将混合阳离子溶液以 2 000 r/min 旋涂在 PbI_2 层上 30 s，再将膜迅速转移到 150 ℃ 的空气中退火 15 min，湿度应控制在 30% 作用。在经过退火形成钙钛矿相后，将钙钛矿薄膜转移到手套箱中进行进一步表面钝化处理。

4.2.2 表面钝化层制备

对于单分子钝化处理，分别精确称量 PMAI（35 mM）和 OAI（10 mM）粉末分别溶解在 IPA 溶液中，并以 5 000 r/min 在上述退火好的钙钛矿表面上旋涂 30 s，注意无须退火处理。对于双分子钝化处理。将 PMAI(35 mM)和 OAI(10 mM)溶解在同一瓶 IPA 溶液中，并以 5 500 r/min 的转速快速旋涂在钙钛矿表面上 30 s，在手套箱中自然挥发 10 min，无须额外的退火处理。

4.2.3 高效率器件优化工艺制备

除了略微改变钙钛矿层的制备方法外，其余层的制备方法与上述相同。具体而言，将 1.55M PbI$_2$ 溶解在 DMF:DMSO(95:5)溶剂中，将转速调节至 1 300 r/min 持续 30 s，然后在 70 ℃ 上预热 10 s。将有机盐溶液(将 95 mg FAI、7 mg MAI 和 10 mg MACl 溶解在 1 mL IPA 中)快速滴在 PbI$_2$ 膜上，并以 1 800 r/min 旋涂 30 s。此外，为了增加器件表面的透光率，在玻璃基板的背面热沉积 120 nm 的 LiF 用作抗反射层。

柔性 PSCs 的制备工艺同上，除了将 FTO 基底更换为聚对苯二甲酸乙二醇酯铟锡氧化物(PEN-ITO)基底。

4.2.4 PSCs 器件表征

使用 Bruker D8 Advance 衍射仪测量了薄膜和粉末的 X 射线衍射图。掠入射广角 X 射线散射(GIWAXS)测量是在配备有 Cu X 射线源(8.05 keV，1.54 Å)和 Pilatus3R 300 K 探测器的 Xeuss 2.0 SAXS/WAXS 线站进行。选择了两个入射角(0.1°和0.5°)来表示不同深度的钙钛矿的晶体结构。用电子能量为 10 keV 的 FEI Inspect F50 电子显微镜获得扫描电子显微镜图像。使用 FluoTime300(PicoQuant)对稳态和时间分辨 PL 衰变进行了表征。对于与温度相关的 PL 测量，每 10 K 测试一次 PL 曲线，从 70 K 到 300 K，将样品放置在氦气压缩机系统(Advanced Research systems)中。X 射线光电子能谱(XPS)由 Thermo Fisher Scientific Escalab 250Xi 系统通过使用 He 放电灯

(21.22 eV)检测。使用284.8 eV的碳校准XPS光谱。通过 Keithley 2400 数字源仪测量 J-V 曲线，并将设备置于模拟 AM 1.5G 辐射(100 mW/cm², 氙灯，Newport)下。电池的有效面积由金属掩模限定(器件面积为 0.09 cm²，测量掩模尺寸为 0.049 1 cm²)。EQE 光谱通过 Enli Technology QE-R 进行。通过电化学工作站(ZAHNER)获得了太阳能电池的电化学阻抗谱(EIS)。Mott-Schottky 数据分析是在 1 kHz 的频率下测量的，偏置电位为 0~1 V。KPFM 测量是通过 AFM(KEYSIGHT Technologies 7500)和 Pt 涂层导电悬臂探针(Bruker，型号为 SCM-PIT-V2)进行的。用 532 nm(1 000 Hz，3.2 ns)脉冲激光和 405 nm 连续波激光(MDL-Ⅲ-405)系统进行瞬态光电流(TPC)和瞬态光电压(TPV)测量。使用数字示波器(Tektronix，MSO5204B)记录光电流或光电压衰减过程，采样电阻分别为 50 Ω 或 1 MΩ。

4.2.5 稳定性测试

本章用于稳定性测试的电池器件均未封装。储存稳定性是在可控环境湿度条件下，设备被放置在黑暗的环境中，其中相对湿度为 20 ± 5%，温度为 25 ℃。光照稳定性测量是在氮气环境下，在 AM1.5G 太阳当量白光 LED 灯持续照明下进行 MPP 跟踪，对光照稳定性测量的 PCE 数据进行归一化处理。

4.2.6 分子动力学模拟

使用 CP2K/Quickstep[174] 的第一性原理激发态分子动力学方法研究了 OA、PMA 和钙钛矿膜的吸附和形成过程。分子动力学算法结合 NVT 集成系综模拟，Nose-Hover 温度调节[175,176]，设置为 0.1 fs 步长，共 30 000 步。使用 BLYP 函数的密度泛函理论(DFT)[177]、BLYP 函数[178]、高斯基集[179]和 Goedecker-Teter-Hutter(GTH)赝势[180,181]，以及伽玛 k 点网格进行采样和采用了 400 eV 的平面波基集能量截止计算力和速度。在计算步骤中，使用共轭梯度算法优化几何结构时，允许所有结构松弛，使能量最小化来平衡系统；然后使用麦克斯韦分布法赋予分子不同的碰撞概率；最后进行动态过程。后处理分析由 Python 自编程完成。

吸附能的计算公式为

$$E = E_{\text{ads} + \text{sub}} - E_{\text{ads}} - E_{\text{sub}} + E_{\text{free energy correction}} \tag{4-1}$$

二维钙钛矿形成能的计算公式为

$$E = E_{\text{bulk}} - E_{\text{atomic}} - \sum n_i \mu_i \tag{4-2}$$

该过程以获得二维钙钛矿为目标。初始状态是 3D 钙钛矿，通过采样形成二维钙钛矿，即计算有机物插层过程的形成能，在晶格尺度上进行重整。

4.3 结果与讨论

4.3.1 表面钝化处理对薄膜形貌影响

本节采用两步旋涂法制备混合阳离子的 $FA_xMA_{1-x}PbI_3$ 型钙钛矿，PSCs 制备流程的简要示意如图 4-1 所示。在此过程中，通过退火处理促进了混合有机盐 FAI 和 MAI 在 PbI_2 层中的扩散。为了进一步提升器件性能，本书在钙钛矿表面施加了不同的表面钝化处理方案，包括 OAI、PMAI，以及 OAI 与 PMAI 的混合溶液。重要的是，这些钝化处理在施加后并没有经过额外的退火处理。为了便于后续讨论和描述，在本章接下来的图表中，将未经任何钝化处理的样品称为"Pristine"（原始），仅用 OAI 处理的样品称为"OAI"，仅用 PMAI 处理的样品称为"PMAI"，而用 OAI 和 PMAI 混合处理的样品则标记为"OAI + PMAI"。

图 4-1　PSCs 器件制备流程示意图

SEM 和 AFM 测试用于分析钙钛矿膜表面形貌变化。如图 4-2 所示，与原始样品相比，OAI 处理不会显著改变钙钛矿膜的表面形态，而经 PMAI 处理的钙钛矿膜则表现出较大的形貌紊乱，这归因于 PMAI 易与钙钛矿膜表面上残留的 PbI_2 发生反应。当进行 OAI + PMAI 双分子钝化时，其薄膜表面形貌紊乱程度得到降低。AFM 结果进一步证实了薄膜表面的形态变化，如图 4-2(e)所示。OAI + PMAI 处理薄膜的均方根(RMS)粗糙度显著降低到最小的 19.6 nm，这表明 OAI + PMAI 双分子处理有利于钙钛矿和 HTL 层之间的界面接触。通过 AFM 结果相应转化的 3D 图如图 4-3 所示，结果更清晰证明了双分子钝化处理可以降低薄膜表面的粗糙度。

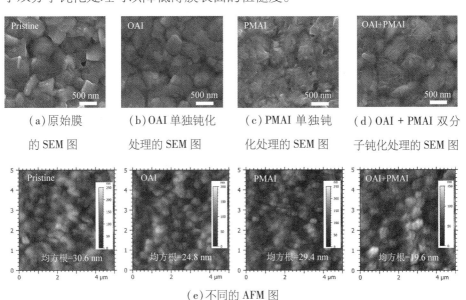

(a)原始膜的 SEM 图　(b)OAI 单独钝化处理的 SEM 图　(c)PMAI 单独钝化处理的 SEM 图　(d)OAI + PMAI 双分子钝化处理的 SEM 图

(e)不同的 AFM 图

图 4-2　不同条件表面处理的形貌图

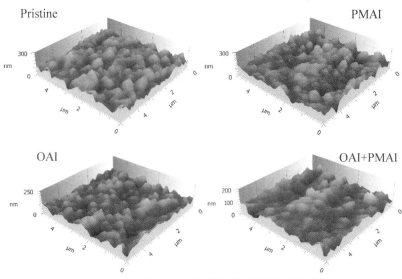

图4-3　不同分子表面处理的 3D AFM 图像

通过使用纯 IPA 溶剂进行表面处理（图 4-4），可以发现钙钛矿膜与 Pristine 薄膜相比并没有明显的形貌区别。这表明后处理过程形貌的变化是由于钝化剂铵盐与钙钛矿薄膜表面反应所致，排除了溶剂效应导致的形貌变化。

(a)高倍 SEM 图　　　　　(b)低倍 SEM 图

图4-4　纯 IPA 溶剂处理后的形貌图

4.3.2　表面钝化处理对晶体结构的影响

为了探究采用不同钝化方案导致的钙钛矿薄膜表面形貌改变的原因，首先使用入射角为 0.5° 的掠入射广角 X 射线散射（GIWAXS）技术分析了该过程的薄膜结构变化。如图 4-5(a) 至图 4-5(d) 所示，衍射图中的 $q=1.0$ Å^{-1} 对应三维钙钛矿的 (100) 相，$q=0.9$ Å^{-1} 属于膜表面残余的 PbI_2 相。相比于原始膜，OAI 单独处理并不会导致额外的衍射峰，这可能是由于 OAI 分子独特的异构化构型使三维到二维钙钛矿相转变需要较高活化能[182]。而经 PMAI 处理的薄膜在散射矢量 $q_z=0.317$ Å^{-1} 处显示出强信号，该散射信号归因于二维钙钛矿相。相反，在 OAI + PMAI 双分子处理后，观察到对应于 PMAI 盐本身的散射矢量 $q=0.441$ Å^{-1}，表明这种钝化处理在钙钛矿膜表面形成了有机盐薄层，而不是二维钙钛矿相。

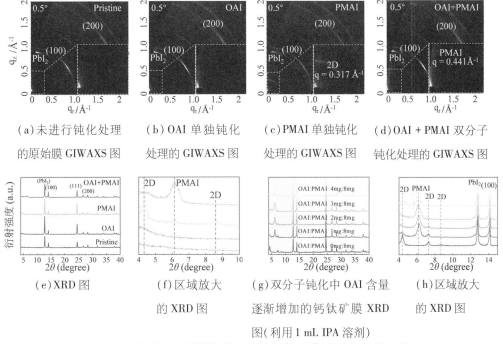

(a) 未进行钝化处理的原始膜 GIWAXS 图　　(b) OAI 单独钝化处理的 GIWAXS 图　　(c) PMAI 单独钝化处理的 GIWAXS 图　　(d) OAI + PMAI 双分子钝化处理的 GIWAXS 图

(e) XRD 图　　(f) 区域放大的 XRD 图　　(g) 双分子钝化中 OAI 含量逐渐增加的钙钛矿膜 XRD 图 (利用 1 mL IPA 溶剂)　　(h) 区域放大的 XRD 图

图 4-5　采用不同表面钝化方案的钙钛矿薄膜晶体结构特征

本书采用 X 射线衍射 (XRD) 图谱进一步证实了这些结果。显然，在 XRD 图谱中没有观察到峰位移[图 4-5(e)]，这表明各种表面钝化方案均不会改变原始钙钛矿膜的晶格参数。然而，经过 PMAI 处理后 XRD 图谱在 4.3° 和 8.6° 处开始出现新的衍射峰，其对应 $n=2$ 的低维钙钛矿相；在 7.3° 处有一个不明显的峰，其对应于 $n=3$ 的低维钙钛矿相；6.1° 处的轻微衍射峰对应于 PMAI 本身的衍射信号。有趣的是，当进行 OAI + PMAI 双分子钝化时，低维钙钛矿相的衍射信号消失；相反，来自 PMAI 盐自身在 6.1°处的衍射峰大大增强。这表明由 OAI + PMAI 双分子钝化形成的低维钙钛矿相被抑制，如图 4-5(f)所示。此外，通过改变了钝化剂前体中 OAI 与 PMAI 的比例，发现低维结构相(尤其是在 7.3°处)的衍射信号随着 OAI 含量的增加而逐渐减少并最终消失，如图 4-5(g)和图 4-5(h)所示。这表明在这个双分子协同钝化系统中，OAI 抑制了 PMAI 与钙钛矿表面碘化铅反应形成低维钙钛矿。二维钙钛矿由于其 A 位有机阳离子的尺寸较大，通常具有较大的 d 间距。因此，根据 Bragg 方程，二维钙钛矿在 XRD 测量中的特征衍射峰值通常小于 10°。

在传统的有机大阳离子表面钝化处理中，增加退火步骤容易促进未反应的 PbI$_2$ 与钙钛矿表面形成低维钙钛矿相。为了深入探究 OAI 和 PMAI 后处理时的反应差异性，对单独使用 OAI 和 PMAI 进行表面钝化的样品进行了额外的高温退火处理，并通过测试 XRD 研究该条件下薄膜晶体结构变化，测试结果如图 4-6 所示。经过 PMAI 处理并在加热条件下，薄膜表面的 PMAI 几乎完全转化成了二维钙钛矿相。相比之下，采用 OAI 方案的 XRD 图谱在高温退火前后保持不变情况下，没有检测到低维钙钛矿相的产生。这表明在此钝化处理下，二维钙钛矿情况下的形成能较大。因此，可以合理得出结论，当单独使用 PMAI 进行表面钝化时，钙钛矿薄膜表面可能同时存在有机盐钝化剂分子和低维钙钛矿，而 OAI 钝化处理则不会产生额外的低维钙钛矿相。

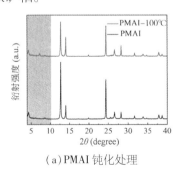

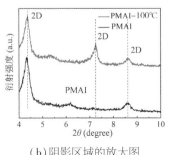

(a) PMAI 钝化处理   (b) 阴影区域的放大图

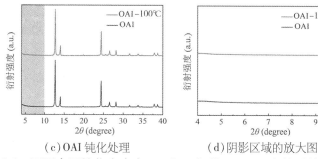

（c）OAI 钝化处理　　　　　（d）阴影区域的放大图

图 4-6　不同表面钝化方案在 100 ℃下加热 5 min 退火前后的 XRD 图

前文的研究结果已经揭示了 OAI + PMAI 组合作为表面钝化剂在抑制低维钙钛矿相生成方面的有效性。因此，本书还应用超快瞬态吸收（TA）技术进一步探讨了二维钙钛矿相与 OAI 和 PMAI 浓度比例变化的关系。泵浦光（400 nm）激发产生了与基态漂白相关的吸收变化（ΔA），如图 4-7 中的伪彩色 2D TA 光谱所示。随着 OAI 相对于 PMAI 比例的增加，位于 570 nm 处的二维钙钛矿的漂白峰逐渐减弱，当 OAI 与 PMAI 的用量比例为 3∶8 时，TA 光谱中二维钙钛矿的漂白峰完全消失。同时，位于 510 nm 的漂白峰对应于 PbI_2 的特征信号[183]，且显示出相反的趋势，即随着 OAI 相对于 PMAI 的比例增加而 PbI_2 漂白峰信号也会增强。这一结果强有力地证明 OAI 有效抑制了 PMAI 与 PbI_2 之间的相互。

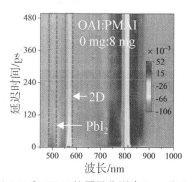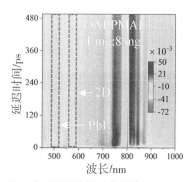

（a）OAI 和 PMAI 的用量分别为 0 mg 和 8 mg　　（b）OAI 和 PMAI 的用量分别为 1 mg 和 8 mg

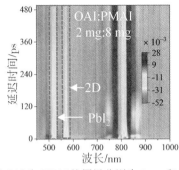 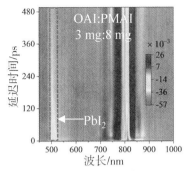

（c）OAI 和 PMAI 的用量分别为 2 mg 和 8 mg　　　（d）OAI 和 PMAI 的用量分别为 3 mg 和 8 mg

图 4-7　1 mL IPA 溶剂中不同 OAI/PMAI 含量比后处理的 TA 光谱图

4.3.3　钝化分子与钙钛矿表面结合分析

采用 XPS 进一步分析了不同钝化分子与钙钛矿膜的化学相互作用。全谱和核心精细谱如图 4-8 和图 4-9 所示。在 N 1s 的核心能谱中，相比于原始未处理膜，不同分子的钝化处理后均显示出额外的[N$^+$]信号。这是有机盐典型 N 1s 的轨道，证实了钙钛矿膜表面有机铵盐的存在，如图 4-8（b）所示。C 1s 核心谱中的 C—C 和 C—N 键对应于 FA/MA 阳离子。结合能在 293 eV 左右的峰对应于 PMA$^+$苯基中的π—π键。值得注意的是，在表面处理后，与氧/水相关的 C=O 的峰（288.0 eV）被显著抑制，尤其是当使用 OAI + PMAI 共处理时被最小化，如图 4-8（c）至图 4-8（f）所示，详细的统计数据见表 4-1 所列。这表明 OAI + PMAI 钝化层可以减缓钙钛矿的降解，提高器件的稳定性[71]。I 3d 和 Pb 4f 精细谱如图 4-9 所示。与 PMAI 处理相比，OAI 处理向低结合能移动的幅度更大。这表明 OAI 对钙钛矿具有更强的化学亲和力，能更好地与配位不足的 Pb^{2+}和 Pb^{0}缺陷相互作用。根据之前文献的报道，这种碘化铵盐后处理导致钙钛矿表面存在丰富的碘化物，碘空位很可能被有效填充[71]。

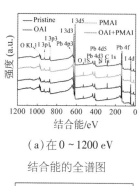

（a）在0~1200 eV
结合能的全谱图

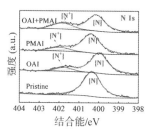

（b）N 1s 的精细谱图

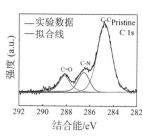

（c）原始膜的
C 1s 精细谱图

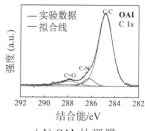

（d）OAI 处理膜
的 C 1s 精细谱图

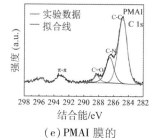

（e）PMAI 膜的
C 1s 精细谱图

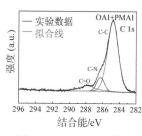

（f）OAI + PMAI 双分子
处理膜的 C 1s 精细谱图

图 4-8　不同钝化方案的 XPS 结果

表 4-1　不同表面处理方案 C 1s 精细谱的拟合结果

样品	C＝O	C—N	C—C	面积比
Pristine	0.24	0.27	1	0.24
OAI	0.07	0.1	1	0.07
PMAI	0.1	0.37	1	0.10
OAI + PMAI	0.08	0.19	1	0.08

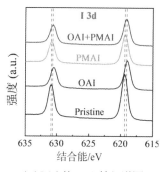

（a）I 3d 的 XPS 精细谱图

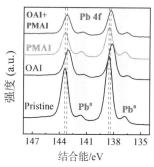

（b）Pb 4f 的 XPS 精细谱图

图 4-9　不同钝化方案的钙钛矿膜化学状态和电荷载流子特性

4.3.4 不同钝化方案的薄膜载流子性质

紫外-可见吸收光谱（UV-vis）和 Tauc 结果如图 4-10 所示。在整个波长范围内，不同钝化方案处理后膜的光吸收性质与原始膜相似，这表明铵盐后处理导致的钙钛矿薄膜光学带隙几乎没有显著变化。

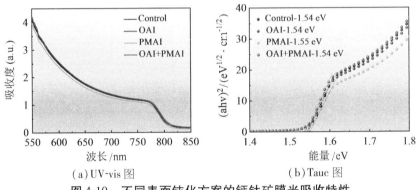

（a）UV-vis 图　　　　　　（b）Tauc 图

图 4-10　不同表面钝化方案的钙钛矿膜光吸收特性

使用 UPS 技术研究不同方案钝化前后钙钛矿膜表面能级的变化。如图 4-11 所示，与原始薄膜相比，在有机盐配体钝化后，薄膜的费米能级（E_F）向上移动，表明钙钛矿薄膜的自掺杂效应得到了缓解[184]。OAI 层钝化后，观察到价带最大值（VBM）和导带最小值（CBM）向上移动更加显著，缩短了与相邻 HTL 层的势垒。相比之下，PMAI 层钝化后的钙钛矿膜能带没有明显移动。重要的是，这里发现在 OAI + PMAI 双分子处理后，钙钛矿膜表面能级移动处于 OAI 和 PMAI 之间。值得注意的是，相邻层之间的能级差值太小，不利于载流子热力学转移。如果能级差值过大，将导致器件 V_{oc} 损失。因此，经过 OAI + PMAI 双分子处理的这种优化的能级结构可能会更有利于平滑 HTL 和钙钛矿层的能带排列[图 4-11（c）]。在 OAI + PMAI 双分子钝化系统中，OAI 主要提供向上移动能级的能力，而 PMAI 提供正偶极层以进一步降低复合损耗[185]。

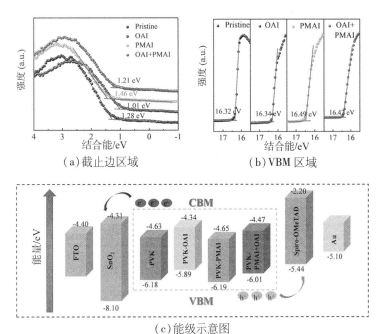

（a）截止边区域　　　　　　（b）VBM 区域

（c）能级示意图

图 4-11　不同钝化方案的能带信息

稳态光致发光光谱（PL）和时间分辨光致发光（TRPL）结果如图 4-12 所示。本章的荧光测试通过正面激发后收集信号。与原始薄膜相比，经过表面处理后表现出更强且均匀的 PL 信号。由于钙钛矿在短波长下的具有较强的吸收，预计只有钙钛矿表面（< 100 nm）被激发。因此 PL 增强表明 OAI + PMAI 处理抑制了表面非辐射复合缺陷。值得注意的是，经 OAI + PMAI 处理的样品中，PL 发射峰从原始薄膜的 817 nm 蓝移到了 812 nm。这些结果表明经过 OAI + PMAI 处理的样品非辐射缺陷得到了有效抑制。然后，测量了样品的时间分辨光致发光（TRPL）衰减，以研究钙钛矿膜的载流子寿命，如图 4-12（b）所示。采用双指数衰减方程进行拟合，相应的拟合参数见表 4-2 所示。与原始薄膜（τ_{ave} = 0.325 μs）相比，OAI（τ_{ave} = 0.529 μs）和 PMAI（τ_{ave} = 0.646 μs）处理的平均寿命明显增加。令人兴奋的是，使用 OAI + PMAI 混合钝化剂进行表面处理后，平均载流子寿命大大延长（τ_{ave} = 1.026 μs）。由此可见，OAI + PMAI 处理在缺陷钝化方面比单分子钝化更有效。

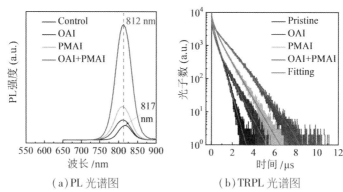

(a) PL 光谱图　　　　　　　　(b) TRPL 光谱图

图 4-12　不同钝化方案处理的稳态 PL 光谱和 TRPL 光谱图

表 4-2　用双指数衰减函数拟合 TRPL

样品	A_1	$\tau_1/\mu s$	A_2	$\tau_2/\mu s$	$\tau_{avg}/\mu s$
pristine	5360.7	0.381	3236.0	0.055	0.355
OAI	1781.7	0.691	3269.0	0.168	0.529
PMAI	3629.0	0.786	4054.7	0.249	0.646
OAI + PMAI	4260.3	1.056	2397.0	0.060	1.026

接着进行了与温度相关的 PL 测试，温度为 70~300 K。如图 4-13 所示，随着温度的逐渐升高，由于电子-声子耦合效应，所有样品都显示出明显的峰形加宽现象[186,187]。特别值得注意的是，在约 180 K 的温度下观察到一个异常的"扭结"现象。这一特征性变化与 FA 基钙钛矿结构从 α 到 β 的相转变有关[188]。对 PL 半峰宽（FWHM）与温度的关系进行拟合分析，如图 4-14 所示。提取了电子-声子耦合系数（γ_{op}），用于来评估表面处理对载流子弛豫的影响，详细的拟合结果见表 4-3 所列。

在所研究的四种类型的钙钛矿膜中，经过 OAI + PMAI 复合处理的样品表现出最低的 γ_{op} 值（45.03 meV）。相较于原始未处理的样品（60.58 meV）、仅 OAI 处理的样品（49.72 meV）、仅 PMAI 处理的样品（46.07 meV），这一数值表明 OAI + PMAI 双分子处理显著减弱了激子与光学声子之间的相互作用。这种相互作用的减弱意味着能量耗散到晶格中的过程减缓，从而有助于延长载流子的寿命和提高其扩散长度[189]。这些发现揭示了 OAI + PMAI 双分子处理技术在优化钙钛矿薄膜光电性能方面的巨大潜力。

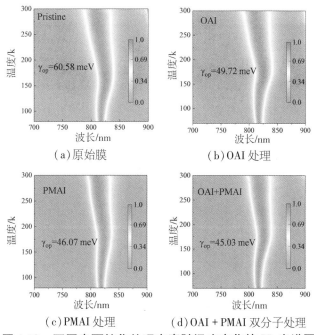

图 4-13　不同表面钝化处理方案随温度变化的 PL 光谱图

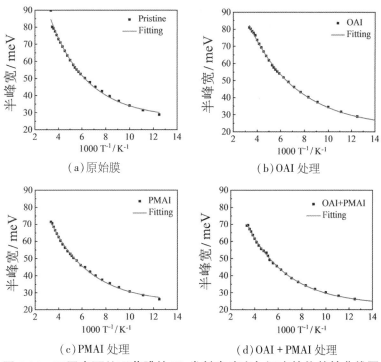

图 4-14　不同表面处理薄膜的 PL 发射半峰宽与温度的依赖性曲线图

表 4-3　Boson 模型拟合 PL 曲线 FWHM 与温度的参数

样品	Γ_0/meV	γ_{op}/meV	E_{op}/meV	R^2
Pristine	26.92 ± 1.34	60.58 ± 2.93	0.027 ± 0.001 52	0.998
OAI	22.52 ± 0.61	49.72 ± 0.71	0.021 ± 0.000 49	0.998
PMAI	23.89 ± 0.65	46.07 ± 1.05	0.025 ± 0.000 83	0.998
OAI + PMAI	22.70 ± 0.49	45.03 ± 0.93	0.024 ± 0.000 64	0.998

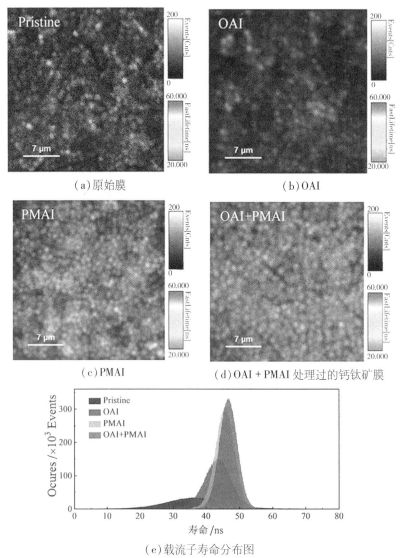

（a）原始膜　　　　　　　　　（b）OAI

（c）PMAI　　　　　（d）OAI + PMAI 处理过的钙钛矿膜

（e）载流子寿命分布图

图 4-15　不同方式处理的 PL mapping 图

此外，使用时间分辨共聚焦荧光显微镜(TCFM)进一步分析钙钛矿薄膜中的电荷载流子寿命和PL强度空间分布，结果如图4-15所示。在同一图像中分别使用灰度和彩色标尺显示PL强度和原位空间分辨PL寿命图。由于陷阱态分布的空间变化，对照组薄膜的PL强度表现出明显的空间异质性，在单独使用OAI和PMAI进行处理后，原始薄膜中浅蓝色的短寿命区域转变为浅绿色和黄绿色的长寿命区域。值得注意的是，在使用OAI + PMAI进行双分子协同处理后，图像中显示出更多的黄绿色区域，表明电荷载流子寿命显著延长。从TCFM图像中提取了载流子寿命分布，如图4-15(e)所示，可以明显看出OAI + PMAI双分子处理后的薄膜载流子统计寿命增加至最高，进一步证实OAI + PMAI双分子处理薄膜的结晶质量更高、陷阱态密度更低。

4.3.5 基于载流子动力学模型模拟不同钝化方案

为了研究不同钝化方案对载流子行为的影响，在本节中，通过对样品正反面分别激发同时引入了正反表面复合速度(SRV)，描述不同边界条件的扩散复合动力学，从而避免以往荧光动态淬灭法易导致过拟合的情况。根据Zeng[140]等人的研究可知，采用沿薄膜厚度方向的一维单群二阶载流子扩散-复合模型，如式(4-1)所示：

$$\frac{\partial n(x,t)}{\partial t} = D\frac{\partial^2 n(x,t)}{\partial x^2} - k_1 n(x,t) - k_2 n^2(x,t) \tag{4-1}$$

式中，$n(x,t)$代表x位置和t时刻的载流子浓度；D为扩散系数；k_1和k_2分别表示单粒子和双粒子的复合速率常数。

(1)载流子动力模型的初始条件

该模型中初始条件描述为0时刻的载流子浓度分布，根据朗伯比尔定理，薄膜吸收光强沿厚度方向存在衰减：

$$n(x,0) = \frac{\eta \cdot I_0 \cdot \alpha}{E_{hv} \cdot A} e^{-\alpha x} = n(0,0) e^{-\alpha x} \qquad (4\text{-}2)$$

式中，η 为光子转化为电子的效率，忽略多光子的倍增效应，假设吸收 1 个光子产生 1 对电子空穴，即 100%；I_0 为激光照射到样品上的光强（35 pJ）；α 是绝对吸收系数，通过搭载积分球的 UV-vis 光谱计算可得，这里为 $1.3 \times 10^5\ \mathrm{cm^{-1}}$；$E_{hv}$ 为光子能量（$4.42 \times 10^{-19}\ \mathrm{J}$）；$A$ 为激光的光斑大小（$2.8 \times 10^{-3}\ \mathrm{cm^2}$）。将相关参数带入式，计算可得到 $N_0 = 3.36 \times 10^{15}\ \mathrm{cm^{-3}}$。

（2）载流子动力模型的边界条件

载流子垂直流出表面的速度计为表面复合速度（SRV）。这里，定义了正面激发（x = 0）和背面激发（x = L）的 SRV，如式（4-3）所示：

$$\begin{cases} \left. \dfrac{\partial n(x,t)}{\partial x} \right|_{x=0} = \dfrac{SRV_0}{D} n(0,t) \\[3mm] \left. \dfrac{\partial n(x,t)}{\partial x} \right|_{x=L} = -\dfrac{SRV_L}{D} n(L,t) \end{cases} \qquad (4\text{-}3)$$

式中，L 为钙钛矿膜的厚度；SRV_0 和 SRV_L 分别代表正面和背面的 SRV。

接着，通过对 TRPL 衰变曲线结合初始和边界条件进行全局拟合，以 SRV 的形式描述界面载流子的损失率。将仿真拟合结果与测量曲线之间的偏差以相对残差函数评估。相对残差如式（4-4）所示：

$$\mathrm{Res} = \sum \frac{|I_{sim}(t) - I_{mea}(t)|}{I_{mea}(t)} \qquad (4\text{-}4)$$

式中，Res 为相对残差；I_{sim} 为仿真结果；I_{mea} 为实际测量曲线。

利用有限元方法结合粒子群优化算法，获得了不同表面处理方案下的仿真结果，如图 4-16 所示。同时，在表 4-4 中列出了相应的动力学拟合参数。仿真结果表明，经过 OAI + PMAI 处理（0.8 m/s）的膜的表面 SRV_0 远低于原始膜（5.06 m/s）、OAI 单独处理（2.65 m/s）的膜和 PMAI 单独处理（8.19 m/s）的膜。这一结果验证了 OAI + PMAI 处理能够显著降低膜中的缺陷数量，从而大大降低了表面复合速率，对提高器件的性能至关重要。

表 4-4　载流子动力学参数的最佳拟合结果

参数	Pristine	OAI	PMAI	OAI + PMAI
$D/(m^2 \cdot s^{-1})$	4.55×10^{-9}	1.76×10^{-8}	4.5×10^{-9}	6.99×10^{-9}
k_1/s^{-1}	1.565×10^6	4.425×10^6	5×10^5	2×10^6
$k_2/(cm^3 \cdot s^{-1})$	8×10^{-10}	7.6×10^{-11}	6.77×10^{-10}	1.07×10^{-10}
$S_0/(m \cdot s^{-1})$	5.06	2.65	8.19	0.8
$S_L/(m \cdot s^{-1})$	0.08	0.09	0.06	0.05

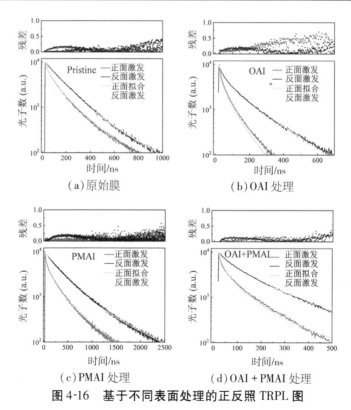

图 4-16　基于不同表面处理的正反照 TRPL 图

4.3.6 双分子钝化机制研究

为了阐明 OAI + PMAI 双分子处理在钙钛矿表面吸附的动力学过程，采用从头算分子动力学（MD）和密度泛函理论（DFT）进行相关的计算。关于 OA$^+$ 和 PMA$^+$ 离子的表面静电势（ESP）分布使用 Gaussian 09 程序包，在 B3LYP/6-31 + G 基组泛函进行优化，结果表明 OA$^+$（20.46 D）具有比 PMA$^+$（9.75 D）更大的偶极矩，如图 4-17（a）所示。较大的分子极性导致 OA$^+$ 配体在钙钛矿膜上具有更强的吸附力。

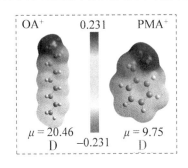
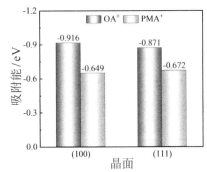

（a）OA$^+$ 和 PMA$^+$ 电子云分布　　（b）OA$^+$ 和 PMA$^+$ 在不同晶面的吸附能

图 4-17　OA$^+$ 和 PMA$^+$ 的结构和吸附能

其中，OA$^+$ 和 PMA$^+$ 离子的—NH$_3^+$ 基团作为反应活性基团，通过静电效应锚定在钙钛矿膜表面。为了简化计算，本节采用了 FAPbI$_3$ 的钙钛矿模型，以钙钛矿（100）和（111）晶面为端点表面，计算了 OA$^+$ 和 PMA$^+$ 的吸附能，优化的几何结构如图 4-18，吸附能 E_{ads} 通过公式定义。经计算，OA$^+$ 在（100）晶面和（111）两个典型晶面的 E_{ads} 均小于 PMA$^+$ 的值（绝对值更大）。这意味着 OA$^+$ 相比于 PMA$^+$ 有更强的自发吸附能力。

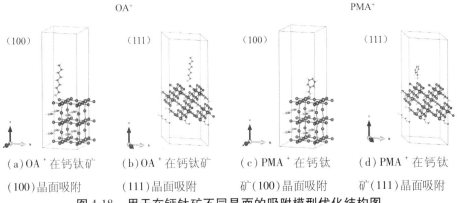

（a）OA$^+$ 在钙钛矿（100）晶面吸附　（b）OA$^+$ 在钙钛矿（111）晶面吸附　（c）PMA$^+$ 在钙钛矿（100）晶面吸附　（d）PMA$^+$ 在钙钛矿（111）晶面吸附

图 4-18　用于在钙钛矿不同晶面的吸附模型优化结构图

有机铵盐的表面钝化效应被认为源于铵阳离子和 Pb—I 骨架之间的相互作用。为了探究这种相互作用，本书首先测试了 OAI 和 PMAI 与 PbI$_2$ 的 FTIR 光谱，结果如图 4-19 所示。在两种混合物的光谱均观察到了来自 N—H 不对称拉伸振动（v_{N-H}）和 N—H 弯曲振动（δ_{N-H}）峰。值得注意的是，在 OAI 中加入 PbI$_2$ 后，v_{N-H} 峰从 3 422 cm^{-1} 移动到 3 464 cm^{-1}，δ_{N-H} 从 1 489 cm^{-1} 移动至 1 500 cm^{-1}；在 PMAI 中加入 PbI$_2$ 后，v_{N-H} 峰从 3 445 cm^{-1} 移动到 3 469 cm^{-1}，δ_{N-H} 从 1 377 cm^{-1} 移动至 1387 cm^{-1}。与 PMAI 相比，OAI 的峰位移更为显著，这表明 OAI 与 PbI$_2$ 之间存在更强的相互作用，可能导致在钙钛矿膜上展现出更高的吸附率。应注意通常碘铅八面体通过氢键与 N—H 键结合时，会导致红外振动峰向较低的波数方向移动。然而，在本书的研究中并未观察到这一现象，这可能归因于不参与氢键的其他键对混合系统中 N—H 的红外性质的影响[190]。

本书还进一步研究了将 PbI$_2$ 加入 OAI 和 PMAI 中对核磁氢谱（^{1}H NMR）结果的影响，如图 4-20 所示。在这些 NMR 光谱中，位于 7.60 ppm 和 8.13 ppm 处的两个峰信号分别对应于 OAI 和 PMAI 的—NH$_3$ 质子峰。显然，当铵盐与 PbI$_2$ 混合时，OAI 的质子峰发生更大的位移，这进一步证明了 OAI 与无机 [PbI$_6$]$^{4-}$ 八面体层之间通过 NH···I 形成的氢键的相互作用更强。

接着，使用分子动力学模拟的方法，估算了当 OAI + PMAI 混合钝化时的钙钛矿表面吸附的阳离子数量。模拟结果发现，OA$^+$ 吸附在钙钛矿表面的数量远大于 PMA$^+$ 吸附在钙钛矿表面的，如图 4-21（a）所示。径向分布函数（RDF）分析也证实了这一点。该模拟结果表明 OA$^+$ 分布更靠近钙钛矿膜的表面，如图 4-21（b）所示。当采用 OAI + PMAI 混合钝化时，OA$^+$ 和 PMA$^+$ 表现出竞争吸附的关系。换言之，OA$^+$ 将优先吸附在钙钛矿表面，从而延缓 PMA$^+$ 的吸附，这反过来又抑制了 PMA$^+$ 后处理过程中的维度转变。据分子动力学模拟方法计算得到了 OA$^+$ 和 PMA$^+$ 与 PbI$_2$ 反应形成二维结构相的热力学形成能，如图 4-21（c）所示。其结果证明 OA$^+$ 处理相较于 PMA$^+$ 处理，在热力学上很难形成二维钙钛矿。

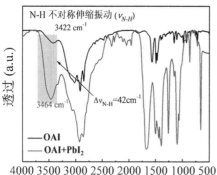

（a）OAI 和 OAI + PbI₂的 FTIR 全谱图

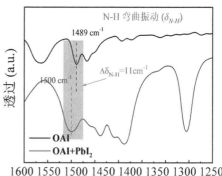

（b）（a）的放大图

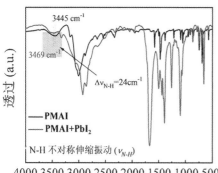

（c）PMAI 和 PMAAI + PbI₂的 FTIR 全谱图

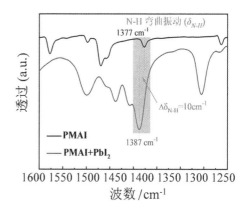

（d）（c）的放大图

图 4-19　不同钝化分子的 FTIR 光谱图

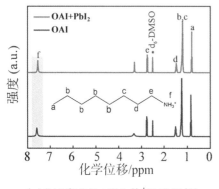

（a）OAI 和 OAI + PbI₂的 ¹H NMR 图

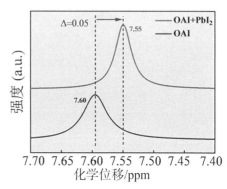

（b）（a）的放大图

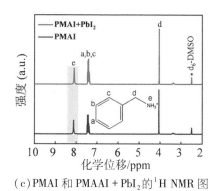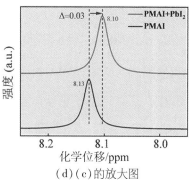

（c）PMAI 和 PMAAI + PbI$_2$ 的 ^{1}H NMR 图　　（d）（c）的放大图

图 4-20　　^{1}H NMR 光谱图

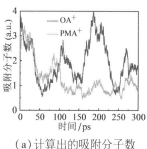

（a）计算出的吸附分子数　　（b）OA$^+$ 和 PMA$^+$ 在钙钛　　（c）二维钙钛矿

矿表面上的径向分布函数　　相的计算形成能

图 4-21　　分子动力学模拟

为了从实验的角度证实 OA$^+$ 和 PMA$^+$ 在钙钛矿表面的空间分布，还进行了飞行时间二次离子质谱（ToF-SIMS）测试。如 ToF-SIMS 深度剖面显示的那样，OA$^+$ 明显位于更深的内层区域，而 PMA$^+$ 位于较浅的表面，如图 4-22 所示。

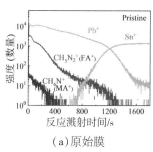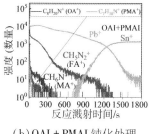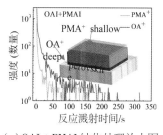

（a）原始膜　　　　（b）OAI + PMAI 钝化处理　　（c）OAI + PMAI 钝化处理放大图

图 4-22　　ToF-SIMs 测试

注：m/z 值对于 FA$^+$ 为 45（CH$_5$N$_2$$^+$），MA$^+$ 为 32（CH$_6$N$^+$），PMA$^+$ 为 108（C$_7$H$_{10}$N$^+$），OA$^+$ 为 130（C$_8$H$_{20}$N$^+$），Pb$^+$ 为 208，Sn^{4+} 为 119。

更直观的 ToF-SIMs 三维重建图像如图 4-23 所示，这一实验结果进一步证实了 OA^+ 优先吸附在钙钛矿膜表面的说法，从而限制了可用于 PMA^+ 的吸附位点。因此，OAI + PMAI 钝化处理的使用能够避免不期望的二维钙钛矿相的形成，同时增强了钙钛矿层内的载流子传输，如图 4-24 所示。

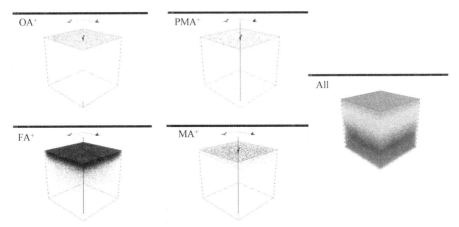

图 4-23　OAI/PMAI 双分子钝化处理的钙钛矿膜的 ToF-SIMs 三维重建图像

图 4-24　钙钛矿表面不同钝化过程的示意图

4.3.7　不同钝化方案对电池光伏性能的影响

为了验证双分子钝化策略在提升 PSCs 电池性能方面的有效性，本章制备了基于正式结构的 $FTO/SnO_2/FA_xMA_{1-x}PbI_3/Spiro\text{-}OMeTAD/Au$ 型 PSCs，如图 4-25（a）所示。图 4-25（b）展示了采用不同表面处理方案的 PSCs 的反向 $J\text{-}V$ 扫描曲线，相应的光伏性能参数见插图。为了验证该策略的可靠性和重

复性，分别制备了 44 个独立的子电池，相关的参数统计如图 4-25(c) 至图
4-25(f) 所示。与原始未钝化的电池相比，单独用 PMAI 处理的器件的开路
电压(V_{OC})显著增加，但填充因子(FF)呈下降趋势；相反，单独用 OAI 处
理的器件的 V_{OC} 增强不那么显著，但 FF 的改善是明显的。有趣的是，经
OAI + PMAI 双分子处理后，器件的 V_{OC} 和 FF 均得到了明显改善，导致了最
终 PCE 的提高。由于经过 PMAI 处理形成的二维钙钛矿较大的激子结合能
和平面内取向阻碍了电荷分离和平面外电荷传输，从而使 FF 的降低[191]。
在经过 OAI + PMAI 双分子处理的冠军器件中，反向扫描产生 24.12% 的
PCE，对应于 1.173 V 的 V_{OC}、24.84 mA cm^{-2} 的 J_{SC} 和 82.80% 的 FF，如图
4-26(a) 所示。在 J-V 曲线中观察到轻微的迟滞现象，后面本研究通过进一
步优化器件制备过程，成功降低了这种迟滞效应。此外，还测试了最高效
率器件在最大功率点(MPP)处的稳态输出，如图 4-26(b) 所示。器件在
1.025 V 的偏压下获得了 23.71% 的稳态输出效率，与 J-V 测试获得的 PCE
值十分接近。

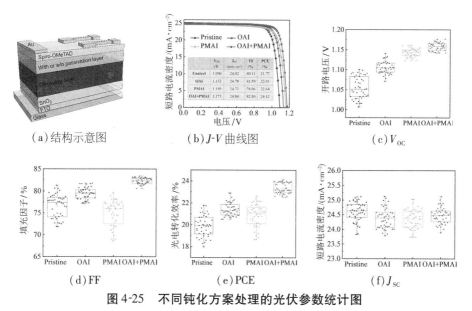

（a）结构示意图　　　（b）J-V 曲线图　　　（c）V_{OC}

（d）FF　　　（e）PCE　　　（f）J_{SC}

图 4-25　不同钝化方案处理的光伏参数统计图

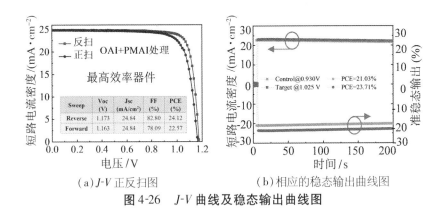

(a) *J-V* 正反扫图　　　　　(b) 相应的稳态输出曲线图

图 4-26　*J-V* 曲线及稳态输出曲线图

考虑到 OAI + PMAI 双分子钝化使用了更高浓度的钝化剂量（45 mM），为了排除单分子钝化效率偏低可能是铵盐配体用量的不足，导致器件性能未能被完全优化的潜在可能性。还增加了后处理中单个钝化剂的用量，结果如图 4-27 和图 4-28 所示。随着两种有机配体浓度的增加至 45 mM，观察到 PCE 反而呈现下降的趋势，这归因于薄膜表面较厚的钝化层阻碍了载流子的传输。

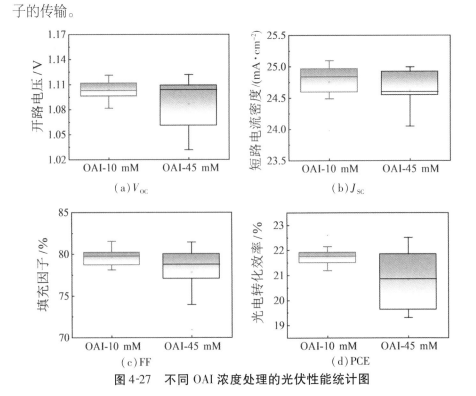

(a) V_{OC}　　　　　(b) J_{SC}

(c) FF　　　　　(d) PCE

图 4-27　不同 OAI 浓度处理的光伏性能统计图

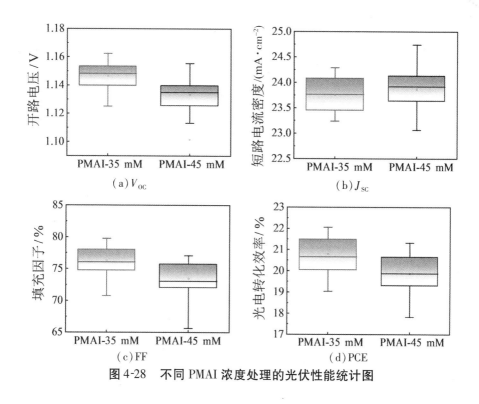

图 4-28　不同 PMAI 浓度处理的光伏性能统计图

4.3.8　运行条件下器件的载流子动力学

　　为了研究器件运行条件下电荷载流子的动力学行为，首先进行了瞬态光电流（TPC）和瞬态光电压（TPV）测量。前者反映了器件中的载流子提取和传输特性，而后者提供了对载流子复合行为的深入信息[192]。结果表明，与其他三种条件相比，OAI + PMAI 双分子钝化样品导致光电流更快衰减，但光电压的衰减更慢，采用双指数衰减方程拟合并提取的衰变时间常数如图4-29（a）和图 4-29（b）所示。这一结果表明，OAI + PMAI 双分子处理的电池器件改善了电荷载流子的输运性质并抑制了载流子的重组。此外，采用电化学阻抗谱（EIS）进一步研究器件内电荷转移动力学的性质，拟合的阻抗参数见表 4-5 所列。研究发现，OAI + PMAI 双分子处理的器件的电荷转移电阻（Rct）降低至最低，如图 4-29（c）所示。这表明电荷转移过程更有效，与改进的器件 FF 一致[193-195]。

电容频率(C-F)测试进一步支持了上述发现，如图 4-29(d)所示，即双钝化降低了器件电容对扫描频率的依赖性，表明在 OAI + PMAI 双分子处理后膜的缺陷密度更小[196]。这些结果进一步证实，具有芳香苯环结构的 PMAI 和脂肪族 OAI 能够以不同的方式钝化钙钛矿表面上的缺陷，其中 OAI + PMAI 双分子组合策略在全面钝化缺陷的同时还抑制低维钙钛矿的形成，从而表现出显著的钝化优越性。Mott-Schottky 测试结果显示 OAI + PMAI 双分子处理的器件的内建电势(V_{bi})从原始器件的 0.77 V 显著增加到最大的 0.84 V，远高于单分子钝化的 V_{bi}，是器件 V_{OC} 改善的来源，如图 4-29(e)所示。

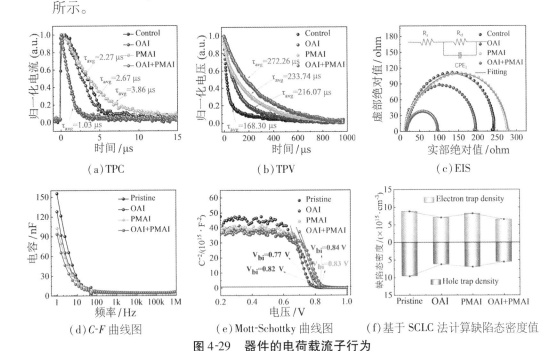

(a) TPC   (b) TPV   (c) EIS

(d) C-F 曲线图   (e) Mott-Schottky 曲线图   (f) 基于 SCLC 法计算缺陷态密度值

图 4-29   器件的电荷载流子行为

表 4-5   电化学阻抗谱拟合参数汇总表

样品	R_S/Ω	R_{ct}/Ω	CPE
Pristine	12.7	240.6	2.09×10^{-8}
OAI	13.3	183	1.48×10^{-8}
PMAI	4.95	277	7.2×10^{-8}

续表

样品	R_s/Ω	R_{ct}/Ω	CPE
OAI + PMAI	15. 6	80. 8	5.79×10^{-8}

使用空间电荷限制电流(SCLC)方法提取的器件内的陷阱态密度(N_{trap}),从而揭示不同处理方法对缺陷钝化效果的影响。通过对器件施加偏置电压并测量其暗电流,观察到当所加的偏置电压超过扭曲结阈值时,陷阱填充极限(TFL)区域开始急剧增加。其中,陷阱填充极限电压(V_{TFL})被定义为在扭曲结点处所施加的特定电压值,即 TFL 区域的起始电压。使用式(2-18)计算了陷阱密度,式中的参数意义如前文所述。对于 FAMA 型钙钛矿,其相对介电常数为 62. 23。L 是钙钛矿膜的厚度,本节将膜的厚度 L 设置为 800 nm,这是通过两步旋涂法制备钙钛矿膜的经典厚度。纯电子器件的实验结果如图 4-30 所示,而纯空穴器件的结果如图 4-31 所示。计算得到的器件 N_{trap} 结果见表4-6 和表4-7 所列。研究表明,经过 OAI + PMAI 双分子钝化处理的器件中的电子和空穴陷阱密度均被最小化。

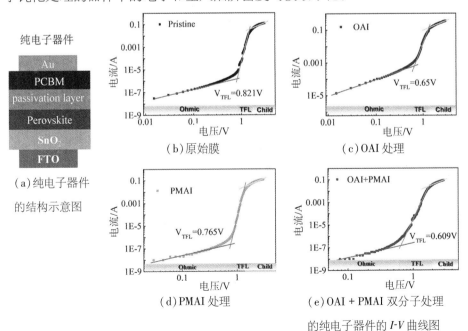

图 4-30　不同钝化方案缺陷密度采用纯电子器件的 SCLC 测量

表 4-6　基于不同钝化处理的纯电子器件 SCLC 缺陷态密度计算结果

样品	V_{TFL}/V	N_{trap}/cm^{-3}
Pristine	0.821	8.83×10^{15}
OAI	0.659	7.09×10^{15}
PMAI	0.765	8.23×10^{15}
OAI + PMAI	0.609	6.55×10^{15}

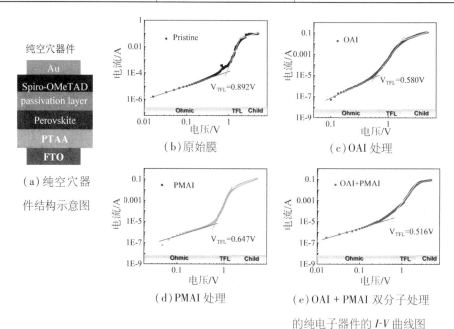

（a）纯空穴器件结构示意图

（b）原始膜

（c）OAI 处理

（d）PMAI 处理

（e）OAI + PMAI 双分子处理的纯电子器件的 *I-V* 曲线图

图 4-31　不同钝化方案陷阱密度采用纯空穴器件的 SCLC 测量

表 4-7　基于不同钝化处理的纯空穴器件 SCLC 陷阱态密度计算结果

样品	V_{TFL}/V	N_{trap}/cm^{-3}
Pristine	0.892	9.59×10^{15}
OAI	0.580	6.24×10^{15}
PMAI	0.647	6.96×10^{15}
OAI + PMAI	0.516	5.55×10^{15}

随后，进行了光强依赖性 V_{oc} 和 J_{sc} 测量，分析双分子处理对陷阱辅助

表面复合的影响，结果如图 4-32（a）和（b）所示。通过提取并绘制 V_{OC} 与光强度自然对数坐标下的关系。可以看出，原始器件显示出 1.48 kT/q 的斜率，而 OAI + PMAI 双分子处理的器件显示出更小的斜率（1.27 kT/q），其中 k 是玻尔兹曼常数，T 是温度，q 是电荷，如图 4-32（c）所示。已知斜率之间的偏差反映了器件中的缺陷辅助复合。结果进一步证实了电荷复合已被较好抑制。此外，原始器件和 OAI + PMAI 双分子处理的器件都显示出 J_{sc} 与光强的线性关系，如图 4-32（d）所示。在两个器件的 α 值都接近 1 的情况下，发现基于有机铵盐的表面钝化处理不会在界面处引入额外的电荷势垒[197]。

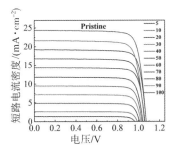

（a）不同光照强度下原始膜的 *J*-*V* 曲线图

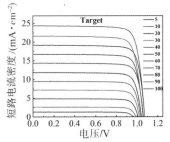

（b）不同光照强度下 OAI + PMAI

双分子处理膜的 *J*-*V* 曲线图

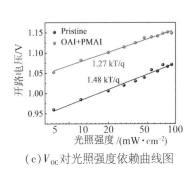

（c）V_{OC} 对光照强度依赖曲线图

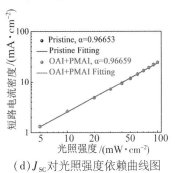

（d）J_{sc} 对光照强度依赖曲线图

图 4-32　原始和 OAI + PMAI 双分子处理的器件在不同光强度下的光响应

4.3.9　优化器件性能

接着进一步优化器件制备工艺，将 OAI + PMAI 双分子钝化策略应用于稍厚的 1.55 mol/L $FA_xMA_{1-x}PbI_3$ 型钙钛矿膜上。为了增强透光率，在 FTO/玻璃基板的背面设计了一层氟化锂（LiF）抗反射涂层。具体的优化工艺和减反层工艺见本节实验部分。得益于 OAI + PMAI 双分子表面钝化处理，最终制备的刚性器件反扫 PCE 达到 25.23%，其中 FF 高达 84.35%。该 PCE 值是当时报道的基于两步法混合阳离子 PSCs 最高效率。其中，基于正向扫描的 PCE 值也高达 24.52%，正反向扫描的 J-V 迟滞几乎可忽略不计，如图 4-33（a）所示。经第三方独立认证的反扫 PCE 为 25.0%，见附录。此外，最高效率器件在最大功率点（1.035 V 偏压）的稳态输出 PCE 值达到 24.97%，在 150 s 范围内十分稳定，这与从 J-V 曲线获得的 PCE 非常一致，如图 4-33（b）所示。冠军器件的 EQE 光谱如图 4-33（c）所示。积分电流密度达到 25.11 mA/cm^2，与 J-V 曲线给出的 J_{sc} 非常一致。此外，为了验证这种钝化处理的重复性，表 4-8 展示了 50 个独立电池在的统计数据。这些器件的平均 V_{OC} 高达 1.166 V，平均 FF 高达 82.97%，平均 J_{sc} 为 25.389 mA/cm^2，平均 PCE 高达 24.556%。

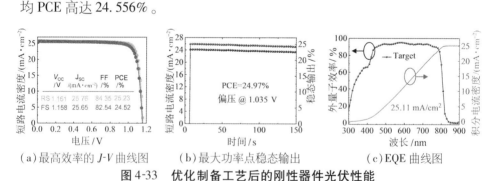

（a）最高效率的 J-V 曲线图　　（b）最大功率点稳态输出　　（c）EQE 曲线图

图 4-33　优化制备工艺后的刚性器件光伏性能

表 4-8　经 OAI + PMAI 双分子钝化处理后 50 个子电池的光伏性能统计

样品	V_{OC}/V	J_{SC}/(mA · cm^{-2})	FF/%	PCE/%
1#	1.159	25.092	82.934	24.118
2#	1.163	25.427	83.167	24.589
3#	1.161	25.206	83.513	24.450
4#	1.161	24.806	84.017	24.195

样品	V_{OC}/V	J_{SC}/(mA·cm^{-2})	FF/%	PCE/%
5#	1.160	25.056	83.840	24.371
6#	1.163	25.637	84.391	25.153
7#	1.163	25.120	84.232	24.602
8#	1.161	25.756	84.349	25.230
9#	1.160	25.504	82.788	24.502
10#	1.162	24.988	84.204	24.459
11#	1.163	25.459	84.045	24.878
12#	1.162	25.098	84.697	24.698
13#	1.158	25.272	83.006	24.289
14#	1.163	25.136	84.446	24.691
15#	1.161	24.923	83.822	24.259
16#	1.162	24.918	84.863	24.566
17#	1.160	24.914	83.168	24.030
18#	1.162	25.450	85.034	25.142
19#	1.163	25.168	84.116	24.626
20#	1.164	25.269	82.916	24.387
21#	1.163	25.624	83.605	24.910
22#	1.169	25.160	84.261	24.783
23#	1.165	25.160	84.516	24.765
24#	1.160	25.625	83.356	24.782
25#	1.164	25.217	84.628	24.845
26#	1.168	25.543	81.545	24.331
27#	1.167	26.015	80.140	24.327
28#	1.169	25.327	81.954	24.265
29#	1.158	25.529	81.263	24.020

样品	V_{oc}/V	J_{sc}/(mA · cm^{-2})	FF/%	PCE/%
30#	1.169	25.885	82.613	24.991
31#	1.173	25.212	83.458	24.674
32#	1.174	25.436	82.902	24.748
33#	1.166	25.508	81.117	24.129
34#	1.170	25.121	82.440	24.230
35#	1.170	25.282	81.764	24.193
36#	1.171	25.434	82.489	24.573
37#	1.173	25.386	82.161	24.469
38#	1.176	24.951	83.068	24.367
39#	1.172	25.817	81.406	24.630
40#	1.175	25.254	82.341	24.425
41#	1.168	24.989	82.377	24.045
42#	1.168	25.491	81.926	24.394
43#	1.169	25.879	81.619	24.692
44#	1.169	25.946	81.664	24.777
45#	1.173	25.671	82.916	24.967
46#	1.168	25.959	79.950	24.251
47#	1.171	25.618	82.134	24.637
48#	1.174	25.790	82.316	24.930
49#	1.174	25.938	82.103	24.998
50#	1.173	25.491	81.783	24.452
平均	1.166	25.389	82.947	24.556

　　为了验证这种钝化策略的普适性，还制造了柔性 PSCs，制备细节流程如 4.2.3 节所述。本书选用 PEN-ITO 作为导电基底，其余层的工艺和刚性器件制备工艺基本相同。结果如图 4-34 所示，其中柔性器件 PCE 也达到了

23.52%，正反扫迟滞非常低。相应器件在 1.01 V 恒定偏压下的稳态输出 PCE 也达到 23.17%。这进一步证实了双分子竞争钝化方法的广泛适用性。EQE 曲线如图 4-34(c)所示，其中在 370 nm 波长以下由于 PEN 基底原因会阻碍该范围波长光进入钙钛矿中。最终对 EQE 曲线进行积分得到电流密度达到 23.60 mA/cm^2，与 J-V 曲线中的 J_{sc} 差异也低于 5%。验证了测试的准确性。

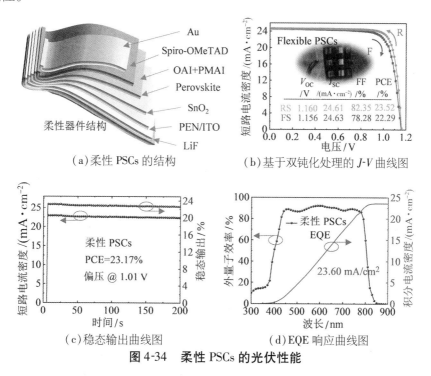

（a）柔性 PSCs 的结构　　　　（b）基于双钝化处理的 J-V 曲线图

（c）稳态输出曲线图　　　　（d）EQE 响应曲线图

图 4-34　柔性 PSCs 的光伏性能

4.3.10　不同钝化方案对器件稳定性的影响

除了器件性能外，PSCs 的稳定性是其商业应用的关键标准。本书首先研究了各种钝化方案下钙钛矿膜的水接触角，来评估它们的防潮性。如图 4-35(a)所示，原始膜的水接触角约为 46.3°，在 OAI 改性后显著增加到 56.7°；而 PMAI 处理膜的疏水性增加不显著，接触角仅增加到 47.5°。然而当 OAI + PMAI 混合双分子处理的情况下，水接触角增加到最大的 63.4°。膜表面疏水性增强了器件的长期环境稳定性，存储在黑暗环境中的未封装 PSCs 器件的 PCE 变化如图 4-35(b) 所示，其中湿度为 20±5%，温度 20 ℃。很明显，在 1 440 h 的老化过程中，OAI + PMAI 双分子处理的器件的 PCE 保持了其原始性能的 98% 以上，几乎没有退化，见表 4-9 所列。为了评估经过双分子钝化处理的 PSC 器件的光照稳定性，在 N$_2$ 气氛中连续照射下的最大功率点跟踪(MPPT)。如图 4-35(c) 所示，OAI + PMAI 双分子处理的器件的 PCE 在 1 000 h 后保持了其初始性能的 88% 以上。相比之下，原始器件降至初始 PCE 的约 74%，而分别经 OAI 和 PMAI 处理的设备 PCE 分别降至初始性能的 78% 和 68%。因此，可以合理得出结论，OAI + PMAI 双分子处理由于上述的界面防水性、减少界面缺陷和减轻界面电荷积累等因素，是使 PSCs 环境和光照稳定性提高的根本原因。

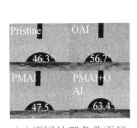
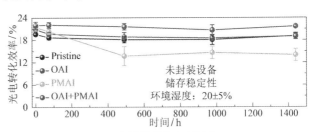

（a）不同处理条件下钙钛矿薄膜表面的水接触

（b）未封装器件在环境条件下的长期存储稳定性

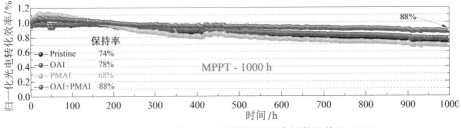

（c）在 N$_2$ 气氛中连续 1 个太阳照射下的未封装器件的 MPPT

图 4-35　不同钝化方案器件的稳定性

注：太阳能电池未蒸镀减反层。

表 4-9 环境条件下存储的未封装设备的 PCE 与时间变化表

样品	时间/h	PCE/%	保持率/%	误差/%
Pristine	0	19.598 17	100	0.369 02
	73	18.672 55	95.27	0.525 34
	490	18.106 85	92.39	0.848 35
	976	18.094 82	92.32	1.367 87
	1440	19.066 32	97.28	0.862 59
OAI	0	20.886 34	100	0.558 81
	73	19.651 61	94.08	0.507 82
	490	18.839 57	90.20	1.198 85
	976	18.511 58	88.63	0.790 87
	1 440	18.989 91	90.92	0.727 63
PMAI	0	21.458 49	100	0.937 11
	73	20.303 79	94.61	0.777 68
	490	13.714 24	63.91	2.546 26
	976	14.630 6	68.18	1.679 39
	1 440	13.990 36	65.19	1.635 58
OAI + PMAI	0	21.956 81	100	0.959 56
	73	22.069 48	105.51	0.762 3
	490	21.595 97	98.35	0.847 62
	976	20.670 01	94.14	1.355 44
	1 440	21.659 87	98.64	0.352 72

4.4 本章小结

  本章节介绍了一种用于 PSCs 的动态竞争性 OAI + PMAI 双分子钝化策略。该策略旨在通过两种不同的钝化剂来协同优化钙钛矿膜的表面和晶界，从而减少缺陷并提高器件的整体性能。实验结果和理论计算表明，这种双分子钝化策略有效避免传统后处理过程中容易出现的低维钙钛矿相。低维钙钛矿相通常会对电荷跨界面传输产生不利影响，降低器件效率。同时，这种策略显著增强了三维钙钛矿膜的电荷传输性能。因此，所制备的最高效率 PSCs 产生了 25.23% 的最大效率，第三方认证值为 25.0%。此外，这些未封装的 PSCs 在连续一个太阳光照射 1 000 h 后，仍能保持其初始性能的 88% 以上，证明了其出色的稳定性。本章的研究不仅为钙钛矿膜的缺陷钝化方法提供了新的视角和深入理解，而且建立了一种新的钝化机制。这一机制有助于推动高效 PSCs 的进一步开发，为其未来的商业化应用奠定基础。

第五章

高效宽带隙钙钛矿的相稳定性和表面缺陷钝化研究

5.1 引言

在第四章的工作中，尽管已经实现25.23%的单结PSCs。但为了进一步提升钙钛矿太阳能电池的PCE，降低度电成本，将钙钛矿作为子电池构建TSCs是一种理想选择。目前，采用工业化成熟的c-Si底电池和WBG钙钛矿顶电池组成的TSCs已经取得了最新的认证记录，高达33.9%[9]。然而，目前TSCs中的限制因素仍然是WBG钙钛矿子电池，特别是WBG PSCs中的V_{OC}损失。因此，有必要针对WBG PSCs展开详细研究。

WBG PSCs由于含有更多的Br成分，其V_{OC}损失比窄带隙PSCs更严重[198]。例如，约1.5 eV的单结PSCs已被证明V_{OC}损失(带隙和器件V_{OC}之间的差异)可低至0.3 V。但当WBG中的Br浓度超过20%时，能观察到陷阱密度显著增加、光诱导的卤化物偏析，以及与电荷传输层的能级不匹配等现象。在光照和光载流子作用下，合金I/Br相被分离输送到低带隙富I畴中，该畴充当PL红移和降低V_{OC}的陷阱[199]。通过Cs或DMA阳离子取代，可以减少光诱导的相偏析，改善WBG钙钛矿的材料质量，同时降低Br

含量[35,200,201]。然而，这一过程仍然需要十分精准的控制。

另外，观察到一旦钙钛矿与电荷传输层接触，它的光致发光量子产率（PLQY）往往会显著降低，表明钙钛矿-传输层界面存在严重的复合途径[202,203]。尽管钙钛矿/C_{60}界面处的能级并不完全匹配，但通常将蒸发C_{60}用作透明电子收集顶部接触层，会增加载流子的非辐射复合概率[204]。这种界面复合本质上是由界面附近的少数载流子和不完全钝化的陷阱态的影响造成的[205]。为了减少V_{OC}损失，已经开发了使用蒸发超薄氟化物的中间层，如使用LiF（约1 nm）来优化能级对齐，其中V_{OC}可提高50 mV[206,207]左右。然而，Li盐的潮解行为和高离子扩散率，可能会导致器件的分解[208]。此外，采用表面接触钝化可以减少界面处的非辐射复合损失，可以提高器件的V_{OC}和稳定性，这主要涉及有机卤化物、路易斯碱和偶极化合物实现[205]。这些有机分子会在钙钛矿膜表面形成二维/三维非均相结构来钝化界面缺陷，优化能级排列。然而，WBG PSCs仍然需要减少V_{OC}损失和提高光照稳定性[209]。

为了解决上述问题，本章采用了高效的WBG钙钛矿组成工程和界面钝化改性相结合的策略。首先引入了三卤化物（I，Br，Cl）组成来替代传统的I/Br双卤化物制备WBG PSCs。此外，采用双分子协同钝化来解决复杂的界面载流子复合问题，其中每个分子具有不同的功能。引入的第一类脂肪族二铵盐丙烷-1,3-碘化二铵（PDAI）与缺陷位点相互作用形成化学键，通过化学钝化效应减少载流子表面复合。PDAI由于含有两个—NH_3^+基团，在钙钛矿表面的锚定能力更强，此外这种路易斯碱先前已被证明可以诱导n型掺杂[210]，缩小钙钛矿层与C_{60}层之间的能带偏移。引入的第二类是含有芳香苯环结构的有机铵盐，如4-三氟甲基苯胺碘（CF_3PAI）和4-三氟甲基苯甲胺碘（CF_3PMAI）。由于π共轭结构具有较强的电子传导能力，这种正偶极层还通过排斥空穴载流子形成类似场效应钝化来减少界面复合[211,212]。因此，基于上述策略在单结WBG PSCs上实现高达1.286 V的V_{OC}，相应的PCE达到21.96%。

5.2 实验过程

在本章的研究工作中，制备了基于反式结构的单结 WGB PSCs，并研究了表面钝化策略的综合影响，具体的工艺流程如图 5-1 所示。其结构自下而上为玻璃、ITO、SAMs、Perovskite、Passivation layer、C_{60}、BCP、Ag。ETL 和 HTL 层的工艺如第二章实验细节处所述。

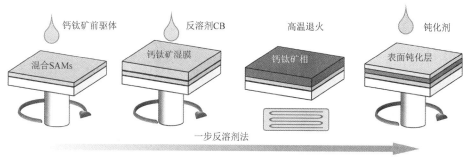

钙钛矿前驱体　　反溶剂CB　　　高温退火　　　钝化剂

混合SAMs　　　钙钛矿湿膜　　　钙钛矿相　　　表面钝化层

一步反溶剂法

图 5-1　钙钛矿器件制备流程图

5.2.1　钙钛矿前驱体溶液的准备

通过溶解一定量的 FAI、MABr、CsI、PbI_2 和 $PbBr_2$ 粉末制备浓度为 1.6 mol/L^{-1} 的 $Cs_{0.05}FA_{0.8}MA_{0.15}Pb(I_{0.755}Br_{0.255})_3$ 钙钛矿前驱体溶液，溶剂为 DMF 和 DMSO，其中体积比为 4:1。

对于三卤素前驱体液的制备，配置 1.6 mol/L^{-1} 的 $Cs_{0.05}FA_{0.8}MA_{0.15}Pb(I_{0.78}Br_{0.22})_3$ 并在室温中摇匀过夜，并另外加入一定量的 $MAPbCl_3$ 粉末，经优化后最佳渗入量为 4 mol%。

值得注意的是，在不改变带隙的情况下，据文献报道额外添加 1 ~ 5 mol% 的 PbI_2 将有利于电池性能的提高。

5.2.2 宽带隙钙钛矿吸光层制备

采用一步反溶剂法制备了钙钛矿膜。具体的将钙钛矿前驱体溶液以 2 000 r/min 旋涂在 ITO/SAMs 层上 40 s，然后以 6 000 r/min 旋涂 15 s。在钙钛矿旋涂过程结束前 15 s，将 250 L 的氯苯滴在基底上。然后，将样品在 100 ℃ 下退火 20 min。

5.2.3 表面钝化层制备

对于钙钛矿膜的表面处理，配置两种混合钝化剂分子。首先配置丙烷-1，3-碘化二铵(PDAI)钝化剂溶液，溶剂为 IPA，浓度为 0.3 mg/mL。然后，称取一定量的 CF_3PAI 和 CF_3PMAI 分别加入 PDAI 溶液中，形成共 0.8 mg/mL 的钝化剂。

将上述钝化剂以 4 000 r/min 的转速滴加在待钝化的钙钛矿膜上，持续 30 s。注意，当转速达到最大旋转速度时，将 50 μL 的溶液滴在钙钛矿膜上。然后，将钙钛矿薄膜在 100 ℃ 下退火 5 min。

5.2.4 测试与表征

在低湿度空气环境中，利用氙灯太阳模拟器(ORIEL AAA)对单结太阳能电池的电流密度-电压(J-V)进行了测量，光强为 100 mW · cm^{-2}，由标准硅电池(NREL)进行校准。单结太阳电池的光阑遮蔽面积为 0.072 cm^2。黑暗下的 J-V 图由 Keithley 2450 源测量仪记录。使用 QE-R 测量系统(EnliTech)测量了 EQE 光谱，单色光聚焦于器件的有效区域。在 EQE 测量期间，标准硅太阳能电池被当作校准参考。对于单结器件，在没有任何光学或电学偏置的情况下测量。

XRD 图谱通过配备 Lynxeye Xe 检测器的 Bruker D8 Advance 衍射仪,使用 Cu Kα 辐射($\lambda = 1.5418$ Å)获得。紫外-可见吸收光谱是在具有积分球的安捷伦 Cary 5000 光谱仪上获得的。使用具有时间相关单光子计数(TCSPC)器件(FluoTime300)的分光光度计进行稳态和瞬态 PL。将薄膜暴露于连续激光辐射 20 min 后,持续追踪薄膜的稳态 PL 光谱。使用高分辨率时间分辨共聚焦荧光显微镜(MicroTime 200)检测 PLmapping 图。使用 SymPhoTime 64 STED 超分辨率分析软件以小于 50 nm 的分辨率收集数据。使用 Hitachi S-4300 场发射 SEM 获取表面形貌图像,初级电子束在 30 kV 下加速。表面电势通过 Keysight 7500 AFM/STM 和 Pt 涂层导电悬臂探针进行表征。利用 X 射线光电子能谱(XPS;Thermo)分析了元素的化学状态。采用 21.2 eV 的激发能量和 50 meV 的能量分辨率的 UPS 以获得二次电子截止和价带起始边。在 IM6e 电化学工作站(德国 ZAHNER)上测量太阳能电池的莫特-肖特基图和电容-频率(C-F)。在 Gaussian 09 程序中,用 DFT-D3 在 B3LYP/6-31G 水平下计算钝化剂的静电势(φ)。

5.3 结果与讨论

5.3.1 钙钛矿组成和表面钝化

WBG 钙钛矿广泛采纳的组成是一种含有三阳离子的钙钛矿组合物,其化学式为 $Cs_{0.05}FA_{0.8}MA_{0.15}Pb(I_{0.755}Br_{0.255})_3$,即铯(Cs)、甲基铵(MA)和甲脒(FA)作为阳离子,以及溴(Br)和碘(I)的混合物作为阴离子。已有研究表明采用三种卤化物(将 Cl⁻ 添加到 I⁻ 和 Br⁻ 中)可以提高 WBG 钙钛矿晶格质量、稳定性，并显著降低相偏析[198]。通常情况下，由于 Cl⁻ 在钙钛矿膜的退火过程中以 MACl 或 FACl 的形式挥发，并且主要起到控制膜结晶的作用。它大多存在于材料的晶界或表面，并不直接结合到晶格中，因此对带隙的影响微乎其微。然而，最近的研究发现 I、Br 可充当桥梁，将 Cl 直接掺入晶格来影响薄膜形态和钝化体相，卤化物会在整个材料中的均匀分布，晶格参数会降低，带隙会增加[198]。与常见的钙钛矿组合物相比，三卤化物显示出 QFLS 和理想因子的显著改善，这些因素通常能导致较高的 V_{OC} 值。除了调整钙钛矿的组成以提高器件性能外，还在钝化电子缺陷和减轻器件中的电流密度-电压(J-V)滞后方面展现了积极效果。因此本章将三卤化物合理引入 WBG 钙钛矿中。

为了深入理解三卤素 WBG 薄膜的元素构成及其分布情况，本章首先采用了 SEM 结合 EDS 技术进行了分析。如图 5-2 所示，结果清楚地揭示了薄膜中含有 I⁻、Br⁻ 和 Cl⁻ 三种卤素元素，且这些元素在大部分区域得到了均匀分布。

图 5-2　三种卤素 WBG 钙钛矿的元素组成及其分布

本章进一步对含有三卤化物的钙钛矿的最佳组成比例进行了细致优化。如图 5-3 所示，随着前驱体溶液中 MAPbCl₃ 的添加，可以观察到光伏特性能显著提升，尤其是 V_{OC} 得到了明显改善，而 J_{SC} 基本保持不变。这样的结果对于 WBG PSCs 而言是极为有利的。确定了最优三卤化物钙钛矿组成为 $Cs_{0.05}FA_{0.8}MA_{0.15}Pb(I_{0.78}Br_{0.22})_3 + 4\ mol\%$ 的 $MAPbCl_3$，显著降低了与不稳定性有关的 Br 的含量。

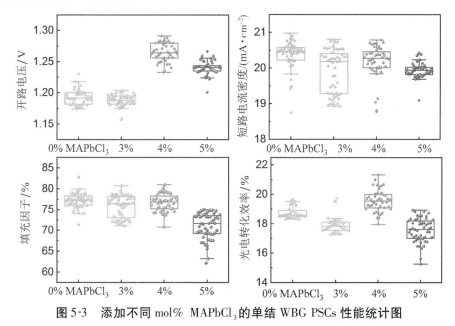

图 5-3　添加不同 mol% $MAPbCl_3$ 的单结 WBG PSCs 性能统计图

钙钛矿材料表面缺陷及与电荷传输层之间的非辐射复合是限制反式 WBG PSCs 性能的关键因素。为了提升 WBG PSCs 的效率，采用表面钝化处理可以有效减少在材料表面及与电荷传输层界面处的非辐射复合损失。在本章的后续研究中，重点探讨了两种不同组合的钝化分子对器件性能的影响，图 5-4(a)展示了相应的器件结构，而图 5-4(b)则描绘了不同后处理钝化剂分子的结构。在这些研究中，以 PDAI 作为基准钝化剂，是反式 WBG PSCs 上使用的经典钝化分子。将 PDAI + CF_3PAI 的组合命名为 Target-1；而将 PDAI 和 CF_3PMAI 组合命名为 Target-2，如图 5-4(c)所示。本节后续部分将未经钝化的薄膜命名为 Pristine，而将单独使用 PDAI 进行钝化的样品命名为 PDAI。

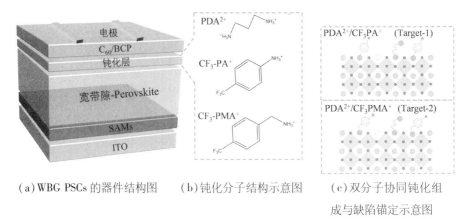

（a）WBG PSCs 的器件结构图　　（b）钝化分子结构示意图　　（c）双分子协同钝化组
成与缺陷锚定示意图

图 5-4　WBG 钙钛矿表面双分子协同钝化

5.3.2　钝化分子结构分析

在本节中使用 Gaussian 09 软件包进行了基于密度泛函理论（DFT）的计算，以评估不同钝化分子的电子传输能力。计算是在 B3LYP 交换-相关函数和 6-31G 基组的基础上进行的，用于优化分子的几何构型并计算其电子结构性质，对分子的静电势分布、最低未占分子轨道（LUMO）和最高占据分子轨道（HOMO）进行模拟计算。其中，LUMO 轨道能量低，容易接受电子；而 HOMO 轨道所受束缚能小，最活泼。这两个轨道能量差决定分子的电子转移能量。图 5-5（a）展示了不同分子的静电势分布，可以看到 PDA^{2+} 分子由于对称的双铵基结构，具有较低的分子极性，计算得到的偶极矩仅为 1.66 D。但这种强路易斯碱二铵配体已被证明可以诱导 n 型掺杂，减少钙钛矿和 C$_{60}$ 之间的能带偏移。因此，本章选择 PDAI 作为第一类钝化分子。研究的第二类分子关注的是含有共轭 π 电子的芳香族单胺配体，特别是 CF$_3$PAI 和 CF$_3$PMAI 这两种具有不同碳支链长度的钝化剂。这些分子的特点是它们的—NH$_3^+$基团倾向于与钙钛矿表面发生相互作用，而另一端与 C$_{60}$ 层接触。预期这种结构设计可以形成一种正偶极层，有助于减少界面上少数载流子的数量，并通过类似传统硅太阳能电池中的 FEP 机制来减少电子-空穴复合。研究结果显示，随着碳链长度的增加，分子的极性水平显著提高，其偶极矩大小从前者的 17.78 D 显著增加到了 19.40 D。相关研究显示，更大的偶极矩将有利于界面的能带对齐和电荷输运[142]。此外，较大的离子极性还会增强钝化剂与碘铅八面体骨架之间的相互作用[213]。

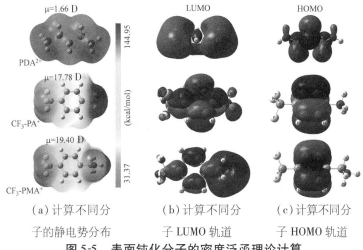

图 5-5   表面钝化分子的密度泛函理论计算

5.3.3 表面钝化的薄膜表征

WBG 钙钛矿吸光层的薄膜质量是决定单结 PSCs 甚至钙钛矿/硅 TSCs 效率的重要因素。接下来，首先研究一步反溶剂法制备的 WBG 钙钛矿膜的形态和晶体结构，以揭示钙钛矿和钝化剂之间的相互作用。SEM 测试结果如图 5-6 和图 5-7 所示，从图中可以看到制备的薄膜致密且无针孔，有助于防止电荷复合和漏电流的发生。经过不同钝化处理的薄膜表面形貌未见显著变化，表明钝化处理并未破坏薄膜的均一性。然而，所有薄膜表面均观察到明显的白色物质区域，根据先前研究显示，这些白色物质可能是薄膜中未反应的 PbI_2。这一猜测通过后续的 XRD 测试得到了进一步的证实。此外，在典型的横截面 SEM 图像中观察到 Target-2 条件处理后展现出致密且贯穿的大晶粒，有利于减少薄膜缺陷和促进载流子传输，其中钙钛矿活性层的厚度约为 600 nm。值得注意的是，单结 WBG 电池是在平面衬底上制备的，然而在硅基叠层中的硅衬底表面会存在较多的塔尖和谷底。这就要求钙钛矿层必须足够厚以保持良好的覆盖性，因为这种保型覆盖对确保串联电池中钙钛矿层与硅层之间有效的电荷转移极为关键。

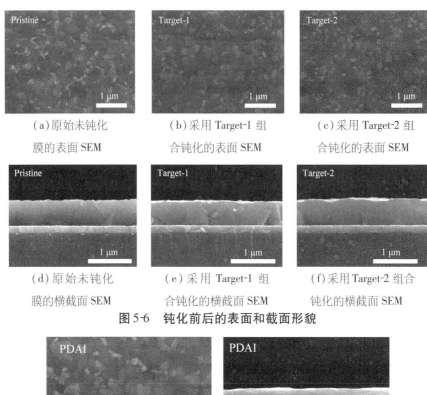

（a）原始未钝化
膜的表面 SEM

（b）采用 Target-1 组
合钝化的表面 SEM

（c）采用 Target-2 组
合钝化的表面 SEM

（d）原始未钝化
膜的横截面 SEM

（e）采用 Target-1 组
合钝化的横截面 SEM

（f）采用 Target-2 组合
钝化的横截面 SEM

图 5-6　钝化前后的表面和截面形貌

（a）表面 SEM

（b）横截面 SEM

图 5-7　采用 PDAI 单独钝化后的表面和截面形貌

原子力显微镜（AFM）和开尔文探针力显微镜（KPFM）是研究薄膜表面形貌和电势分布的强大工具，被广泛用于评估表面钝化处理对薄膜特性的影响。本书首先进行了 AFM 相关的测试，其测试结果如图 5-8 中所示。可以发现无论是原始膜还是经过不同表面钝化处理的膜都表现出紧凑且均匀的形态、晶粒尺寸相似，表明表面钝化处理没有引起显著的形貌变化。相应的三维 AFM 形貌图如图 5-8（d）至图 5-8（f）所示。测试结果表明了钙钛矿表面保持了相对平滑的特质。这对于电荷传输和器件性能是有利的，也与上述的 SEM 观察到的结果相一致。其中，统计的表面粗糙度均方根值从 Pristine 器件的 9.64 nm 轻微增加至 Target-1 的 11.5 nm 和 Target-2 的 11 nm。

这意味着钝化处理后薄膜表面的晶界被填充，孔洞被进一步消除。PDAI 单独处理的测试结果如图 5-9 所示。

为了进一步探究表面处理对电势分布的影响，接着使用 KPFM 映射探索了不同表面钝化修饰方案的薄膜表面电势均匀性的空间变化。观察到原始膜中存在大量的不均匀接触电势分布，这种不均匀性通常也与表面缺陷相关。这与 C_{60} 电子传输层接触时会显著加宽界面电子态，从而增加载流子重组，如图 5-8(g)中红色线框处所示。同时，本书作者注意到如果单独使用 PDAI 进行表面修饰并不会显著改善这种不均匀性，如图 5-9(c)所示。然而，当采用双分子协同钝化处理策略时，这种电势不均匀性得到了显著改善，尤其是在 Target-2 处理的情况下。这表明通过这种特定的表面钝化策略，可以降低界面载流子提取的势垒，从而减少载流子的重组改善载流子的提取，有助于最小化界面处的开路电压损失。

综合 AFM 和 KPFM 的分析结果，可以得出结论：双分子组合的表面钝化处理不仅成功维持了薄膜的优良表面形貌，而且还通过降低表面电势的不均性增加了器件的开路电压，提升了离子迁移的势垒。这对于增强界面的稳定性和延长电池器件的使用寿命至关重要。

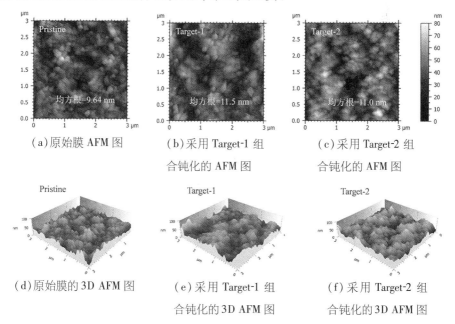

(a)原始膜 AFM 图　　(b)采用 Target-1 组　　(c)采用 Target-2 组
　　　　　　　　　　　合钝化的 AFM 图　　　　合钝化的 AFM 图

(d)原始膜的 3D AFM 图　　(e)采用 Target-1 组　　(f)采用 Target-2 组
　　　　　　　　　　　　　合钝化的 3D AFM 图　　　合钝化的 3D AFM 图

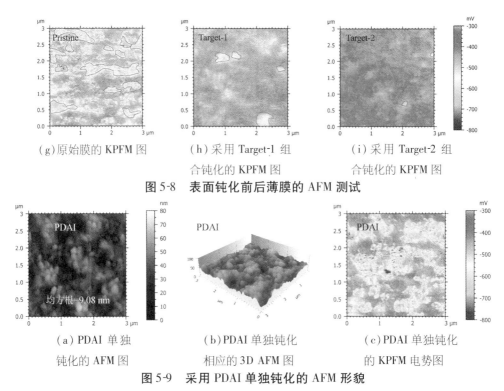

(g)原始膜的 KPFM 图　　　（h）采用 Target-1 组　　　（i）采用 Target-2 组
　　　　　　　　　　　　　　合钝化的 KPFM 图　　　　　合钝化的 KPFM 图

图 5-8　表面钝化前后薄膜的 AFM 测试

（a）PDAI 单独　　　　（b）PDAI 单独钝化　　　（c）PDAI 单独钝化
　钝化的 AFM 图　　　　相应的 3D AFM 图　　　　的 KPFM 电势图

图 5-9　采用 PDAI 单独钝化的 AFM 形貌

从 KPFM 测试结果中提取了电势分布统计，如图 5-10（a）所示。可见，原始膜的电势分布范围很宽，而采用双分子表面钝化后观察到电势分布变窄，其平均电势显著增加。这表明钙钛矿膜表面存在微观电偶极矩，其中负电荷端指向钙钛矿层。这种偶极电场方向与源自电极不对称接触的内建电场方向一致，可以增强器件最终的实际内建电场[214]。

本章还采用高定向的热解石墨（$\Phi_{HOPG}=4.6\ eV$，$CPD_{HOPG}=430\ mV$）标定了针尖的 W_F。因此，样品表面 W_F 通过公式计算得到的：

$$\Phi_{sample}=\Phi_{HOPG}+e(CPD_{HOPG}-CPD_{sample}) \qquad (5\text{-}1)$$

可见，钝化后样品表面平均电势差的增加将会导致 W_F 减小，这意味着薄膜表面的 n 型掺杂。这是由表面钝化效应引起的。

本书进一步进行了紫外光电子能谱（UPS）研究钝化前后的界面能级分布。二次电子截止边和价带最大值光谱如图 5-10（b）和图 5-10（c）所示。从 UPS 光谱中提取的原始和钝化处理后的电子参数总结在图 5-10（f）中，原始膜的 W_F 被估计为 −4.63 eV，而经 Target-1 和 Target-2 处理后，薄膜表面的 W_F 分别被调整为 −4.62 eV 和 −4.52 eV。可见双分子钝化处理的钙钛矿膜表现出更多的 n 型性质，特别是在 Target-2 处理后。

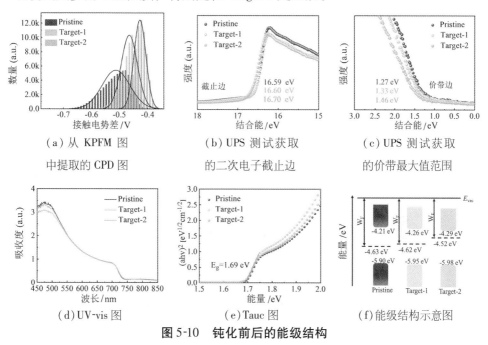

（a）从 KPFM 图中提取的 CPD 图　（b）UPS 测试获取的二次电子截止边　（c）UPS 测试获取的价带最大值范围

（d）UV-vis 图　（e）Tauc 图　（f）能级结构示意图

图 5-10　钝化前后的能级结构

接着测量并比较了钝化前后薄膜样品的吸收光谱，以评估光学带隙的变化并据此计算导带最小值（CBM）。很明显在添加钝化层后，薄膜的紫外-可见吸收带边缘几乎保持不变，约为 730 nm，如图 5-10（d）所示。根据贝尔兰伯特方程（Beer-Lambert law）定量计算得到的 Tauc 图结果如图 5-10（e）所示，其各种样品的光学带隙均约为 1.69 eV。据此进一步得到了界面钝化后的能带排列图[图 5-10（f）]，能带排列图是理解电子在材料内部如何传输的关键。显然，在经 Target-2 处理后的钙钛矿和 C_{60} 之间的界面将存在更好的能带排列。

通过 XRD 技术，本书研究了不同的表面处理方案对钙钛矿薄膜结晶度和晶相的影响，结果如图 5-11（a）所示。在经过各种表面钝化处理后，与未经处理的原始薄膜相比，衍射图谱显示出极其微小的变化，其中位于 14.26°、20.21°、24.85°、28.71°、32.18°和 35.29°的主衍射峰分别与钙钛矿的（001）、（011）、（111）、（002）、（012）和（112）晶面相对应，证实了立方相钙钛矿结构的形成[215]。与此同时，在所有的薄膜样品中都观察到过

量未反应的 PbI_2，其特征峰位于 12.76°，这与之前的报道研究结果一致[95]。相关研究表明，过量的 PbI_2 能形成 I 型能带结构并钝化钙钛矿，有利于改善器件的光伏性能。此外，在各种钝化处理样品中，由于钝化剂溶液的浓度较低(0.3～0.8 mg/mL)，没有发现与钝化剂晶体粉末相对应的明显衍射信号，如图 5-11(b)所示。除了上述提到的衍射信号外，在小于 10°的低角度处也没有检测到与二维钙钛矿相关的衍射峰。基于这些观察，可以得出结论：钙钛矿薄膜表面的钝化层以钝化剂盐的原始形态存在，而非相应的二维钙钛矿相[216]。这一发现与其他研究报告的结果一致[203,217]。

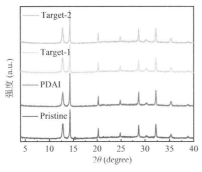

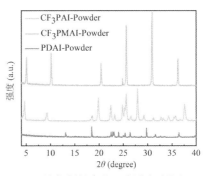

（a）表面钝化处理前后的 X 射线衍射图　　（b）钝化剂粉末的 X 射线衍射图

图 5-11　薄膜和粉末的 X 射线衍射图

通过提取 XRD 的半峰展宽，利用威廉姆森霍尔(Williamson-Hall，W-H)方程研究不同钝化方案对薄膜微应变的影响情况。根据式(2-17)，拟合计算的微应变结果如图 5-12 所示。显然，通过 Target-2 处理后，薄膜内部的微应变从原始器件的 2.58×10^{-3} 降低至 2.28×10^{-3}，这种显著减小的微应变对应薄膜内具有更优的长程有序晶体结构。

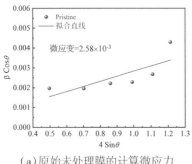

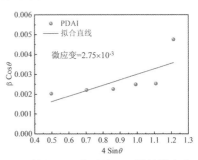

（a）原始未处理膜的计算微应力　　（b）采用 PDAI 单独处理的计算微应力

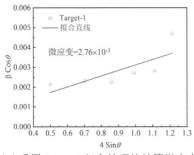 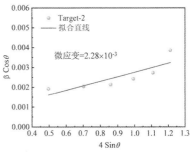

（c）采用 Target-1 组合处理的计算微应力　　　（d）采用 Target-2 组合处理的计算微应力

图 5-12　基于 W-H 模型计算的微应力

X 射线光电子能谱（XPS）是一种高效的表面分析技术，用于研究材料表面的化学环境和成分。在钙钛矿薄膜的后处理分析中，XPS 能够揭示处理过程中膜表面化学状态的变化，结果如图 5-13、图 5-14 和图 5-15 所示。来自原始对照膜的 N 1s 信号主要由 401.1 eV 处的单峰组成，这可归因于 FA^+ 阳离子中的 $C=NH_2^+$。在钝化处理后的膜中还观察到额外的 $[N^+]$ 峰，这可归因于有机钝化分子中的 NH_3^+ 键。这种变化证明了钝化膜表面存在着各种铵盐钝化分子。有趣的是，C 1s 精细谱显示了不同后处理导致的显著差异。注意到与水/氧相关的 $C=O$ 峰在钝化后被显著抑制，其中在 Target-2 处理后 $C=O$ 信号减小得最明显，意味着该处理有效减少了表面氧化或水分吸附，从而有助于提高薄膜的环境稳定性[71]。PDAI 处理膜的 XPS 数据如图 5-14 所示，额外的 $[N^+]$ 峰也证明了 PDAI 成功实施在薄膜表面。

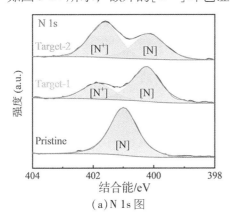 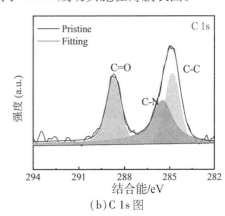

（a）N 1s 图　　　　　　　　　　　　（b）C 1s 图

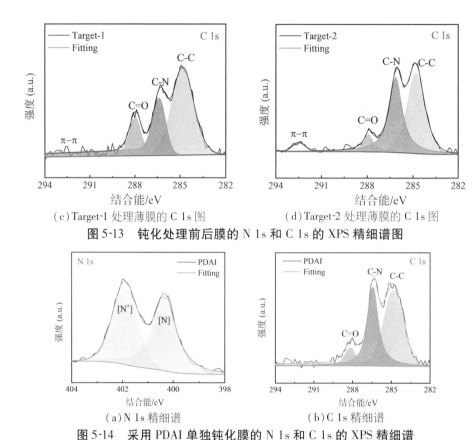

（c）Target-1 处理薄膜的 C 1s 图　　　　（d）Target-2 处理薄膜的 C 1s 图

图 5-13　钝化处理前后膜的 N 1s 和 C 1s 的 XPS 精细谱图

（a）N 1s 精细谱　　　　　　（b）C 1s 精细谱

图 5-14　采用 PDAI 单独钝化膜的 N 1s 和 C 1s 的 XPS 精细谱

　　图 5-15 所示的 Pb 4f 峰的位移进一步证实了钝化剂分子的存在以及与表面 Pb 原子的相互作用。此外对照膜 XPS 光谱中 I 3d 在 619.81 和 631.26 eV 处包含两个主峰，分别对应于 I 3d$_{3/2}$ 和 3d$_{5/2}$ 轨道。在 Target-1 和 Target-2 处理后 I 3d 向更低的结合能分别移动 0.8 eV 和 1.07 eV。这些位移表明钝化剂分子和钙钛矿膜有较强的相互作用，且 Target-2 处理的化学作用更强，Pb 4f 峰也表现出向更低的结合能移动。这种现象被认为是减少表面上不协调的 Pb 缺陷的钝化效应。在添加 CF$_3$PMAI 后，F 1s 信号出现，证明钙钛矿表面存在 CF$_3$PMAI。另外，本书还观察到 CF$_3$PAI 中 F 1s 信号不明显，这可能归因于较少的钝化剂使用量。事实上，本书针对该现象进行了多次重复制样测试，均没有获得明显的 F 1s，可能与 XPS 对 F 元素的检查敏感度有关。尽管如此，其他的许多表征已经证明了钙钛矿膜表面 CF$_3$PAI 的存在。

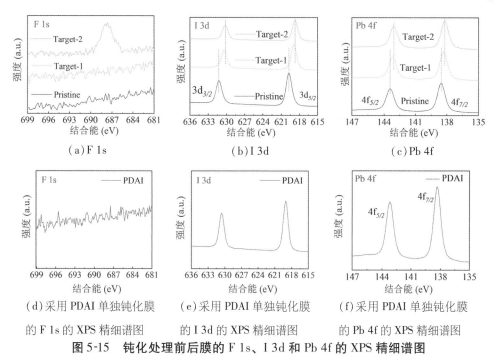

（a）F 1s   （b）I 3d   （c）Pb 4f

（d）采用 PDAI 单独钝化膜   （e）采用 PDAI 单独钝化膜   （f）采用 PDAI 单独钝化膜

的 F 1s 的 XPS 精细谱图   的 I 3d 的 XPS 精细谱图   的 Pb 4f 的 XPS 精细谱图

图 5-15　钝化处理前后膜的 F 1s、I 3d 和 Pb 4f 的 XPS 精细谱图

本书接下来利用稳态光致发光（PL）和时间分辨光致荧光（TRPL）来探测钙钛矿薄膜中的辐射复合和载流子转移行为。相较于未钝化处理的原始膜，PDAI 处理产生轻微改善的 PL 强度。在 Target-1 和 Target-2 双分子处理后，观察到 PL 强度的显著增加，意味着缺陷诱导的非辐射复合在很大程度上被抑制。如图 5-16（a）所示，Target-2 处理 PL 强度增加最大。本书作者还注意到 PL 发射峰相比于光学带隙有较大红移且峰型呈现略微不对称。这可能是由 WBG 钙钛矿的相分离现象和测试仪器响应导致的。

此外，时间分辨 TRPL 光谱分析可以帮助研究者更深入地理解与表面缺陷相关的非辐射通道的电荷复合，结果如图 5-16（b）所示。通过对 TRPL 光谱的双指数拟合获得相应的衰减寿命。这里，非辐射复合过程主要对应于快衰变周期（τ_1），双分子复合产生慢衰变分量（τ_2）。相应的实验拟合结果见表 5-1 所列，Target-1 和 Target-2 钝化后的样品寿命 τ_1 分别为 0.99 μs 和 0.868 μs，远大于未经处理的原始薄膜（0.058 μs）。τ_1 的延长揭示了更慢的电荷捕获阶段，这被认为是由于钝化处理引起的表面缺陷减少。总之，表面钝化处理显著抑制了界面非辐射衰变，无疑有助于提高器件的性能。

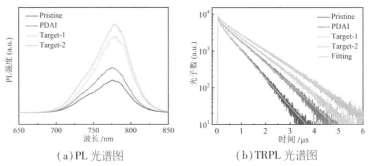

（a）PL 光谱图　　　　　　　　（b）TRPL 光谱图

图 5-16　钝化处理前后的稳态 PL 光谱和 TRPL 光谱图

表 5-1　用双指数衰减函数拟合 TRPL 曲线的参数分布

样品名	A_1	$\tau_1/\mu s$	A_2	$\tau_2/\mu s$	$\tau_{avg}/\mu s$
Pristine	3 300	0.058 63	6 008	0.562 95	0.535 66
Target-1	6 837.5	0.868 15	2 151	0.066 97	0.849 17
Target-2	7 245.1	0.997 80	1 786	0.105 3	0.975 16
PDAI	6 569.7	0.746 27	2 204	0.056 29	0.729 24

为了精准评估不同表面钝化处理对光诱导卤化物相分离效应的耐受能力，本书在 450 nm 激光的持续照射下，对样品进行了 PL 强度及时间依赖性测试。实验包括 10 个连续测试周期，每个周期之间设置 2 min 间歇，其间保持激光的持续激发。所有测试均在环境空气湿度条件下完成，并对获得的 PL 强度数据执行了归一化处理以便于比较。研究表明，光诱导的相分离现象与卤素离子的迁移速度密切相关，其中碘离子的迁移率显著高于溴离子，导致其能够快速占据钙钛矿晶格的空位并形成富碘区域[218]。据此，本实验在 PL 光谱中观测到的红移现象可归因于钙钛矿膜内低带隙富碘区域[219]的出现。这证实了持续光照会触发这些区域的形成，直至达到新的稳定分布状态。为降低测量噪声和峰值定位误差，采用光谱质心法来全面量化整个 PL 光谱范围的变化。在连续激光照射 20 min 的实验过程中，未经处理的原始对照组薄膜和仅用 PDAI 进行表面钝化处理的薄膜，都表现出了向低能量偏移的 PL 峰和峰宽的明显增加，如图 5-17（a）和图 5-17（b）所示。相

比之下，经过 Target-1 和 Target-2 表面处理的薄膜未出现明显的峰型展宽，其 PL 光谱轮廓基本保持不变。这一结果凸显了它们卓越的光稳定性，如图 5-17(c)和图 5-17(d)所示。这些发现明确表明，采用双分子组合钝化策略的 WBG 材料能有效抵御光诱导相分离的影响，从而在光照条件下维持较高的结构稳定性。

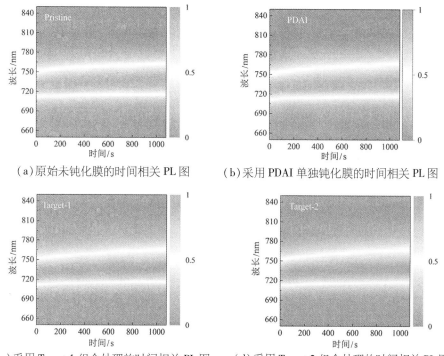

（a）原始未钝化膜的时间相关 PL 图　　　（b）采用 PDAI 单独钝化膜的时间相关 PL 图

（c）采用 Target-1 组合处理的时间相关 PL 图　　　（d）采用 Target-2 组合处理的时间相关 PL 图

图 5-17　钝化前后的钙钛矿薄膜时间相关归一化强度 PL 分析

此外，还测试了原始膜和双分子钝化修饰薄膜的绝对光致发光强度的映射(PL mapping)，以研究薄膜表面的缺陷特性，结果如图 5-18 所示。与对照样本相比，Target-1 和 Target-2 修饰后的薄膜显示出更高的 PL 强度和空间均匀性。特别是 Target-2 修饰后图像中出现更多的红色区域，表明该区域有更多的光子数(与 PL 强度相关)。这意味着 Target-2 处理形成了更高质量的薄膜和更低的陷阱状态密度。

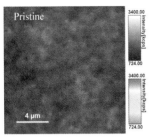 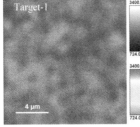 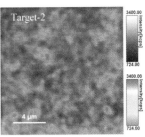

(a)原始未钝化膜　　　　(b)采用 Target-1 组合处理　　　(c)采用 Target-2 组合处理

图 5-18　钝化前后强度相关的 PL mapping 图

为了更深入地了解电荷复合动力学，本书还进行了超快瞬态吸收(fs-TA)表征。图 5-19(a)至图 5-19(c)显示了三个相关样品的伪彩色 fs-TA 图，其中宽的光诱导吸收(吸收变化强度：$\Delta a > 0$)信号和清晰的光漂白(PB：$\Delta a < 0$)信号被检测到。与激发电荷的布居相关的带边缘区域附近的 PB 信号有助于分析钙钛矿膜的电荷转移和复合动力学[220]。所有样品的 PB 信号在初始延迟时间下的演化是相同的。之后由于热载子冷却，出现了与样品相关的 PB 峰和与时间相关的 PB 峰值，可归因于几皮秒内的双分子重组，而长时间的 PB 信号(即数百皮秒)应与陷阱辅助的单分子重组有关[221]。此外，从 fs-TA 光谱中提取了位于 726 nm 处的归一化衰减动力学曲线，使用双指数衰减函数进行了拟合，结果如图 5-19(d)所示。得益于 Target-1 和 Target-2 的表面钝化效应，漂白峰的平均衰减寿命 τ 从原始膜中的 47.57 ps 显著提升到了 67.22 ps 和 116.97 ps，这表明表面钝化处理有效减少了钙钛矿表/界面的缺陷。

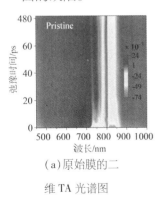 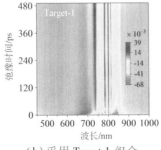 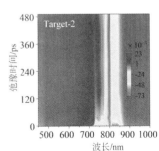

(a)原始膜的二　　　　　(b)采用 Target-1 组合　　　(c)采用 Target-2 组合

维 TA 光谱图　　　　　处理的二维 TA 光谱图　　　处理的二维 TA 光谱图

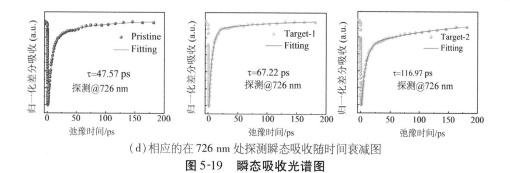

（d）相应的在 726 nm 处探测瞬态吸收随时间衰减图

图 5-19　瞬态吸收光谱图

5.3.4　WBG PSCs 器件性能

作者制备了单结反式 WBG PSCs，器件结构为 ITO、SAMs、钙钛矿、C_{60}、BCP、Ag，其中 SAMs 采用混合自组装单层。图 5-20 比较了原始对照器件和具有不同后处理的 WBG PSCs 的光伏参数的统计偏差。可见后处理显著提升了器件的 V_{OC} 和 FF，而对 J_{SC} 的影响可以忽略不计，最终导致器件 PCE 得到改善。本书作者发现 Target-1 对器件性能的改善总体上不如 Target-2，这也与前面的研究结果保持一致。得益于 CF_3PMAI 更长的碳链导致更大的偶极矩，因此提供的场效应钝化能力相比于 CF_3PAI 更强。此外，结合第一类分子 PDAI 的化学钝化效应，两者共同导致了器件的 V_{OC} 和 FF 的提升。PDAI + CF_3PMAI 钝化的协同效应归因于互补的表面结合和钝化效应叠加。

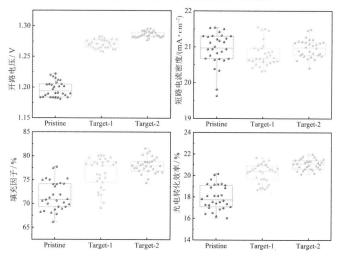

图 5-20　不同钝化处理方式对单结 PSCs 器件性能影响的统计分布

图 5-21 展示了原始器件和不同钝化处理器件的最高效率的反扫 J-V 曲线。原始对照组冠军设备显示 V_{OC} 达 1.204 V，PCE 为 20.28%；而经第一类分子 PDAI 单独钝化后，V_{OC} 提升至 1.255 V，其 PCE 仅略有改善至 21.07%。有趣的是，经 Target-1 组合钝化后，V_{OC} 显著增加至 1.278 V，相应的 PCE 也达到 21.66%；经 Target-2 组合钝化后，冠军器件 V_{OC} 高达 1.286 V，其相应的 PCE 为 21.96%。这种效率的显著提升归因于钙钛矿的缺陷钝化和钙钛矿/C_{60} 界面能带排列改善。相应的外部量子效率（EQE）光谱如图 5-22(a) 所示，相应的积分电流与 J-V 曲线比较匹配，钝化效应导致器件在 400 nm 附近的 EQE 略有改善，进一步验证了增强的器件性能。根据 EQE 光谱估计的器件带隙约为 1.689 eV，与前文 UV-vis 测试观察到 1.69 eV 的光学带隙值相当，如图 5-22(b) 所示。

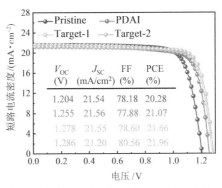

图 5-21　不同条件处理的 WBG PSCs 器件性能

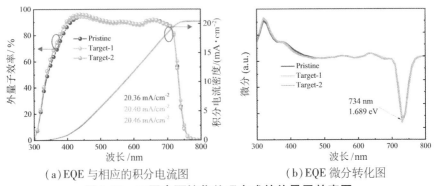

（a）EQE 与相应的积分电流图　　（b）EQE 微分转化图

图 5-22　不同表面钝化处理方式的外量子效率图

5.3.5　WBG PSCs 载流子动力学

　　为了进一步理解钝化处理前后器件内部电荷复合的动力学特性，本节首先对器件进行了光强度依赖的 V_{OC} 和 J_{SC} 测试。不同光辐照强度下的 J-V 特征曲线如图 5-23（a）至图 5-23（d）所示。图 5-23（e）揭示了 V_{OC} 与光强对数关系的线性相关性，利用该关系可通过方程 $n = (q/kT) \cdot (dV_{OC}/\ln(I))$ 来估计理想因子 n。其中，k 是玻尔兹曼常数，T 是温度，I 表示光强度。理想因子 n 的值靠近 1 时表明器件中的双分子复合机制占主导；而当 n 值接近于 2 时，则暗示陷阱辅助的 Shockley-Read-Hall（SRH）复合成为主要复合途径[222]。相较于 Pristine 器件（$n = 1.85$）、经 PDAI 处理的器件（$n = 1.71$）和 Taget-1 器件（$n = 1.49$），Taget-2 器件展现出更为平缓的斜率（$n = 1.38$）。这证实了 Taget-2 器件在抑制陷阱相关的复合方面取得了显著效果，与 TRPL 等实验观察结果一致，并有助于 V_{OC} 的显著提升。另外，图 5-23（f）展示了器件 J_{SC} 对光强度的幂律依赖性（$J_{SC} \propto P_{light}{}^{\alpha}$），其中若不存在空间电荷效应的影响，理想情况下 α 值为 1。实验结果显示，所有类型器件的提取 α 值均接近 1，表明所有类型器件都无显著的空间电荷限制效应。

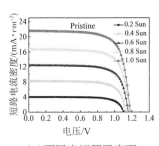

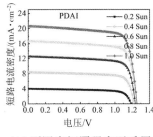

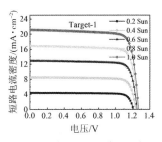

（a）不同光辐照强度下
原始器件的 J-V 曲线图

（b）不同光辐照强度下采用
PDAI 单独处理的 J-V 曲线图

（c）不同光辐照强度下采用
Target-1 组合处理的 J-V 曲线图

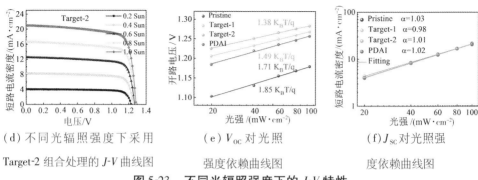

（d）不同光辐照强度下采用   （e）V_{oc} 对光照   （f）J_{sc} 对光照强

Target-2 组合处理的 J-V 曲线图   强度依赖曲线图   度依赖曲线图

图 5-23   不同光辐照强度下的 J-V 特性

在测量原始对照组器件和经过不同钝化处理器件的器件在无光照条件下的暗态 J-V 曲线时，可以深入了解器件内部载流子的复合和传输特性，以评估器件中缺陷钝化的影响。从图 5-24（a）中可以看出，Target-2 处理的器件与其他器件相比具有最低的暗电流密度，表明更多的光生载流子能够顺利穿越钙钛矿膜并被电极收集，而不是直接分流。这意味着 Target-2 处理的器件提供了更理想的整流效果，从而使电荷载流子复合和漏电流得到有效抑制。

调制瞬态光电压（m-TPV）测量已被用于研究电荷传输和复合动力学。光生电荷对应于快速光电压衰减的界面缺陷捕获，而体电荷复合主导了慢速光电压衰减过程，而不是扩散过程。光电压衰减寿命（τ_{avg}）由双指数衰减函数拟合。在开路电压条件下，Target-2（560.26 μs）处理的样品表现出比对照样品（296.36 μs）和 Target-1（401.27 μs）更长的衰减寿命，这表明器件内部的载流子重组较少，电荷陷阱密度较低，如图 5-24（b）所示。

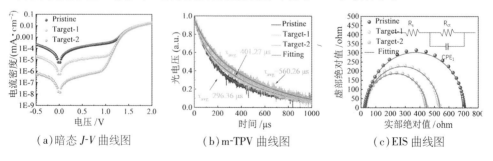

（a）暗态 J-V 曲线图   （b）m-TPV 曲线图   （c）EIS 曲线图

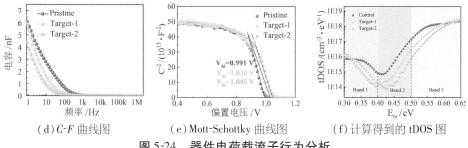

(d) C-F 曲线图   (e) Mott-Schottky 曲线图   (f) 计算得到的 tDOS 图

图 5-24　器件电荷载流子行为分析

电化学阻抗谱(EIS)分析为研究电荷复合动力学提供了深入的见解。在本书的研究中，额外设置 1.0 V 偏置电压，于黑暗环境中进行了 EIS 测试。在这种情况下，电荷载流子复合电阻(R_{REC})达到最低值，远低于电荷转移电阻 R_{CT}($R_{REC} \ll R_{CT}$)。EIS 测量结果的半圆由串联电阻(R_s)、电荷传输电阻和常相位角 CPE_1 形成。奈奎斯特图是通过拟合至等效电路模型进行解读的，结果如图 5-24(c)所示，等效电路模型如插图所示。由于所有样品具有相同的结构，R_s 值基本相同，圆弧的半径代表了 R_{CT} 水平，拟合值见表 5-2 所列。原始器件的 R_{CT} 值为 694 Ω，表明电荷传输电阻相对较高，它可能导致较多的电荷复合和较低的器件性能。在表面钝化改性后，器件的 R_{CT} 显著减小到 Target-1 处理的 509 Ω。特别是在添加 Target-2 处理后，该值进一步降低至最小的 424 Ω。这表明电荷传输能力得到了显著改善，通常与更高的器件效率和更低的载流子复合率相关。

表 5-2　等效电路图拟合 EIS 曲线参数

样品名	R_S/Ω	R_{CT}/Ω	CPE
Pristine	22.2	694	22.9×10^{-9}
Target-1	27.5	509	27.3×10^{-9}
Target-2	23.6	424	28.4×10^{-9}

接着进行了电容-频率(C-F)相关的测试，结果如图 5-24(d)所示。在组合双分子钝化后，器件能够表现出更低的电容和频率依赖性。这表明相比原始器件，双分子钝化器件的内部缺陷密度更小，因此能表现出优秀的光

伏性能。接着，进行了莫特-肖特基(M-S)分析，以了解在器件中改善 V_{OC} 的原因。图 5-24(e)中的电容-电压(C-V)显示曲线都呈现出负斜率值，表示 p 型特性[223]。使用方程 $1/C^2 = 2(V_{bi} - V)/(Ae\varepsilon\varepsilon_0 N_A)$ 获得器件的内置电势 (V_{bi})[224]。其中，A 是器件的面积，N_A 反映器件的掺杂浓度。据相关研究发现，V_{bi} 不仅为光生载流子分离和收集的驱动力，而且还主导器件最终的 V_{OC} 性能[225]。本书从线性区域的 X 轴截距(用黑线截取)中提取了 V_{bi} 值。对于原始器件和基于 Target-1 器件，该值分别被确定为 0.991 V 和 1.030 V；而经 Target-2 处理的器件该值为 1.045 V。因此，在钝化器件中较大的 V_{bi} 可导致改善的 FF 和 V_{OC}。

为了深入分析不同能量下缺陷态密度(DOS)的分布情况，本书采用了热导纳光谱(TAS)技术。计算方法依据的是式(2-20)和式(2-21)，所得结果如图 5-24(f)所示。其中，0.3～0.4 eV 能量区域属于晶界处的浅能级缺陷，而 0.4～0.5 eV 能量区域属于钙钛矿表面缺陷，而 0.52～0.65 eV 能量区域属于深能级缺陷[226]。可见，当采用 Target-2 双分子钝化后，器件中位于 0.3～0.65 eV 能量区域的缺陷态都被明显抑制。

为了进一步定量评估钙钛矿膜中的缺陷密度，还对纯空穴(ITO/SAMs/钙钛矿/spiro-OMeTAD/Ag)器件进行了空间电荷限制电流(SCLC)分析。SCLC 曲线由欧姆接触区($n = 1$)、Child 区($n = 2$)和陷阱填充极限区($n > 3$)组成，如图 5-25 所示。缺陷密度(N_t)可以根据方程 $N_t = (2\varepsilon_0 \varepsilon_r V_{TFL})/(qL^2)$ 计算。其中，ε_0 是真空介电常数，相对介电常数 ε_r 为 46.9[227]，V_{TFL} 是陷阱填充极限区域的起始电压(由 $n = 1$ 和 $n > 3$ 区域的交点确定)，q 是元素电荷(1.60×10^{-19} C)，L 是钙钛矿膜的厚度(约 600 nm)。见表 5-3 所列，经 Target-2 处理器件的 N_t 为 1.43×10^{16} cm^{-3}，比 Target-1 的 N_t(1.46×10^{16} cm^{-3})和对照膜的 N_t(1.76×10^{16} cm^{-3})都小。Target-2 电池中较低的缺陷密度归因于有效钝化钙钛矿膜中的缺陷，从而抑制了陷阱辅助的非辐射复合并增

强了 V_{OC}。此外，电荷迁移率(μ)可以使用 Mott-Gurney 方程从图 5-25 中的 $n=2$ 区域估计。如图 5-26 中所示，$J^{1/2}$ 与 V 呈线性关系。据此计算得到原始器件中的 μ_h 确定为 2.22×10^{-3} cm$^2\cdot$V$^{-1}\cdot$S^{-1}，而钝化后器件显示出更高的迁移率，Target-1 和 Target-2 中的 μ_h 分别被确定为 1.86×10^{-3} 和 2.61×10^{-3} cm$^2\cdot$V$^{-1}\cdot$S^{-1}。这个结果很好地解释了采用双分子钝化后器件中较高的 FF 和较小的迟滞系数的原因。

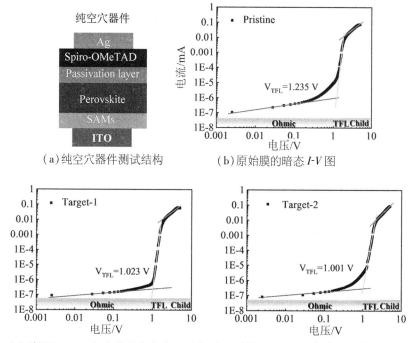

（a）纯空穴器件测试结构　（b）原始膜的暗态 I-V 图

（c）采用 Target-1 组合处理的暗态 I-V 图　（d）采用 Target-2 组合处理的暗态 I-V 图

图 5-25　纯空穴器件的 SCLC 测量

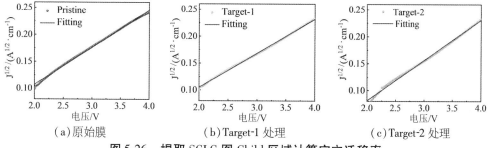

（a）原始膜　（b）Target-1 处理　（c）Target-2 处理

图 5-26　提取 SCLC 图 Child 区域计算空穴迁移率

表 5-3 SCLC 曲线中的拟合参数

类型	器件名	V_{TFL}/V	N_t/cm^{-3}	斜率	$\mu/(cm^2 \cdot V^{-1} \cdot S^{-1})$
纯空穴器件	Pristine	1.235	1.76×10^{16}	0.068 94	2.22×10^{-3}
	Target-1	1.023	1.46×10^{16}	0.063 27	1.86×10^{-3}
	Target-2	1.001	1.43×10^{16}	0.074 75	2.61×10^{-3}

Target-2 双分子处理的优异钝化效可归因于：第一类分子 PDAI 双铵基团提供了有效的化学钝化效应；第二类分子 CF_3PMAI 由于大分子极性和共轭结构，在界面处的正偶极子层提供额外的 FEP；双分子钝化处理器件能级排列更合理；较低的缺陷态密度。上述原因共同促成 Target-2 处理后器件中优异的光伏性能。

5.3.6 WBG PSCs 稳定性研究

接下来，本书进一步研究了采用不同后处理方案对器件稳定性的影响。研究人员普遍认为有机铵盐中烷基链和疏水性苯环结构可以提高钙钛矿膜的湿度稳定性。不同钝化方式膜表面的水接触角实验如图 5-27(a) 所示。与 Pristine 膜相比，PDAI 单独修饰后并不会显著改变薄膜的抗湿能力。这可能归因于 PDAI 较短的烷基链长。重要的是，可以发现经过双分子钝化后，水接触角明显增大，意味着薄膜表面的抗湿能力有了一定改善。本书又测试了不同方式钝化器件的环境湿度储存稳定性，如图 5-27(b) 所示。基于 Target-2 钝化处理后的器件在环境湿度且黑暗的环境下储存超过 1 370 h，其效率仍保持初始效率的 95% 以上，远高于其他对照组条件。然后，本书测试了器件在连续光照条件下的 MPP 跟踪，如图 5-27(c) 所示。Target-2 器件在 750 h 的连续光照下表现出最佳的光照稳定性。这可能归因于钝化器件有效抑制了界面缺陷导致的载流子复合通道，从而提升了器件的操作稳定性。

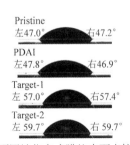

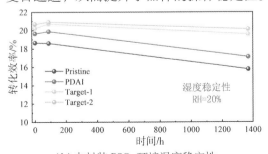

(a) 不同钝化方式膜的表面水接触角   (b) 未封装 PSCs 环境湿度稳定性

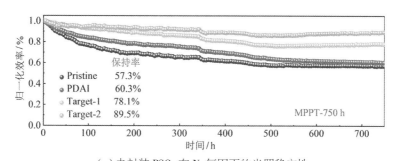

（c）未封装 PSCs 在 N$_2$氛围下的光照稳定性

图 5-27　不同钝化方式对器件稳定性的影响

5.4　本章小结

  本章展示了一种结合三卤素钙钛矿材料与双分子钝化的策略，其中双分子钝化的主要作用是结合化学钝化和场效应钝化。具体来说，在 WBG 钙钛矿吸收体顶部引入的双分子钝化层，有效修复了表面配位不完全的缺陷，并显著减少了载流子的非辐射复合损失，从而提升了器件的整体性能。本章深入探讨了双分子钝化剂与钙钛矿表面的相互作用，包括对陷阱密度、电荷载流子动力学及器件性能的影响。本章研究发现第二类钝化分子 CF$_3$PMAI 相比于 CF$_3$PAI，增加的碳链长度显著提升了其分子偶极矩水平。这使得钝化 WBG 钙钛矿薄膜后其费米能级显著上移，导带与最低未占分子轨道之间的能量偏差减少，进而改善了电子的提取效率。在光照条件下，这导致了准费米能级的更大分裂，从电荷分离的角度来看，钙钛矿表面的电子选择性增加。研究结果显示，在基于 PDAI + CF$_3$PMAI 处理后的 WBG PSCs（1.69 eV）冠军器件产生 1.286 V 的高 V_{oc}（相当于精细平衡极限的 91.9%）和 21.96% 的 PCE，显著优于其他条件的器件。本书揭示了双分子表面钝化的综合影响，并提出了一种有效的结构选择策略，以获得高效稳定的 WBG PSCs。

第六章

总结与展望

6.1 总结

经过十几年的发展，有机-无机杂化 PSCs 的 PCE 已经得到显著提升，从最初的 3.8% 提高到了最新的 26.1%。尽管该研究已经取得了一些进步，但相较于理论上的 S-Q 极限，PSCs 的潜能尚未被充分挖掘。限制其性能的主要因素是器件内载流子的非辐射复合损失，这在光伏领域中是一个不可避免的挑战。通常，这种非辐射复合过程是由器件中的缺陷引起的，并且其发生的频率与缺陷态密度呈正相关。鉴于钙钛矿吸光层通常通过低温溶液法制备，预计在其内部、晶界，以及与其他材料的界面处存在大量的缺陷，如悬空键、空位、间隙原子和错位等。研究指出，多晶钙钛矿膜的主要缺陷倾向于集中在表面或晶界处，而非膜体内部。这些高浓度的表面或界面缺陷可能导致深能级缺陷的产生。特别值得注意的是，某些类型的缺陷，如碘空位，在膜体相中可能是无害的，但一旦迁移到表面，就可能转变为复合中心。此外，由于界面处特殊的化学环境，这一问题可能会变得更加复杂。为了解决这些问题，通过选择适当的材料对相关的界面进行有效的钝化处理，可以修复界面处的深能级缺陷，并增加电荷载流子的寿命，从而优化 PSCs 的整体性能。基于这一理念，本书的主要研究内容包含以下

几个方面：

（1）研究了一种常用的有机铵盐钝化剂 PMAI 对两步旋涂法制备的钙钛矿膜表面后处理。本书首先介绍了一种混合溶剂（IPA + TL）辅助的后处理策略，通过该策略减轻了 PMAI 钝化导致的钙钛矿膜表面维度变化的问题。接着，针对当前对于有机极性分子钝化如何提升器件 V_{OC} 的机制理解不足的关键科学问题，本书通过精心设计的实验与理论模拟分析发现 PMA$^+$ 离子能与钙钛矿界面晶格键合，在钙钛矿表面自组装垂直定向的界面偶极子层。这种表面偶极子层显著增强了器件的内建电场。然后，通过对载流子密度的定量分析，本书发现界面偶极诱导的 FEP 使空穴-准费米能级分裂增加，进而导致器件的 V_{OC} 提升了 100 mV 以上。这是提高器件 V_{OC} 的主要因素。此外，PMAI 化学钝化也为器件 V_{OC} 提高贡献了 40 mV。因此，最终在 PMAI 处理的 FA-MA 型钙钛矿器件中实现了超过 1.175 V 的高 V_{OC}，相应的器件 PCE 也高达 24.10%。该工作阐明了表面偶极子对 V_{OC} 的贡献，从而为通过添加极性分子钝化剂来增强 V_{OC} 提供了有效方法。

（2）本书提出了一种双分子动力学竞争吸附的新策略，即在后处理过程中加入 PMAI 和 OAI 作为共改性剂。这一策略显著规避了表面钝化处理引起钙钛矿表面从三维结构向低维结构转变的问题。研究发现 OA$^+$ 具有更强的离子极性和空间位阻效应，它更倾向于优先吸附于钙钛矿薄膜的表面，从而抑制了由 PMA$^+$ 诱导的钙钛矿表面层向低维结构的转变。因此，这种策略成功地克服了钙钛矿界面电荷分离和提取的限制。双分子钝化处理显著降低了薄膜的陷阱密度，改善了能级排列。因此，增强的钝化效果使得单结 PSCs 的 PCE 达到了 25.23%（经第三方认证的效率值为 25.0%）。由本书的研究可知，这是当时基于两步法制备混合阳离子钙钛矿的最高 PCE。此外，基于这种策略处理的器件还表现出优异的光照稳定性，在连续照明1 000 h 的 MPPT 之后，未封装的电池仍然保持超过 88% 的初始效率。这项工作揭示了一种新的钝化机制，利用有机铵盐配体的动态吸附特性，为实现高性能 PSCs 提供了指导方针。

（3）针对 WBG 钙钛矿相稳定性较差，以及钙钛矿层和 C_{60} 之间界面不利的能级排列和高缺陷密度的问题。本书提出了一种结合三卤素钙钛矿组分工程和界面双分子钝化的策略。具体而言，本书采用了一种三卤化物（I、Br、Cl）组成来代替传统 I/Br 双卤化物用于制备 WBG 钙钛矿。此外，通过使用双分子协同钝化来解决复杂的界面载流子非辐射复合问题，其中 PDAI 诱导薄膜表面 n 型掺杂并提供化学钝化效果，而 CF_3PMAI 正偶极层通过排斥界面处的空穴载流子形成场效应钝化。这种组合式的钝化处理策略改善了界面的能级排列，减少了非辐射复合损失，并提高了电荷提取效率。基于此，制备出的单结 WBG PSCs 的 PCE 高达 21.96%，其中 V_{OC} 高达 1.286 V，相当于精细平衡极限的 91.9%。

6.2 展望

在当前的研究中，如结构优化、界面工程和缺陷钝化等方法已被证实可以有效地提升载流子的注入/提取效率并减少非辐射复合损失。然而，要想实现 PSCs 的效率极限，仍需进一步降低体内和界面上的非辐射复合损耗。本书集中研究了正式和反式 PSCs 器件中的相关界面问题，鉴于研究时间的限制，以下几个方面可作为未来工作的延伸：

（1）本书的钝化策略都是基于钙钛矿上表面进行的。虽然已知钙钛矿的体相缺陷大多数是浅能级缺陷，且体相缺陷容忍度较高；但未来为了钙钛矿基器件的长期稳定性，需要专注于完整的整体钝化方案，包括体相、接触界面和晶界钝化。此外，应该特别关注埋底界面处的钝化研究。事实上，多晶半导体膜的埋底界面具有更严重的多尺度不均匀性和高缺陷密度限制了光伏器件的性能潜力。特别是，由于钙钛矿活性层是直接在埋底界面上生长，改善埋底界面的质量对钙钛矿膜的膜结晶性质等有重要影响。

（2）WBG 钙钛矿的薄膜质量还需要进一步优化。因此，一些 WBG 氧化物（如 Al_2O_3、ZrO_2、MgO 和 SiO_2 等）未来可作为钙钛矿成核生长的介孔支架材料。此外，某些聚合物可用于底界面修饰，它们不仅可以提供成核位点，还可以通过与钙钛矿的相互作用促进晶体的均匀分布，从而优化 WBG 钙钛矿的薄膜质量。

（3）器件层面上最关键的参数可能是填充因子（FF）。它需要在接触钝化的同时提供较低的电阻和复合损耗。因此，需要对影响器件接触电阻的因素进行更深入的理解，如费米能级钉扎、热离子势垒、化学钝化与场效应钝化，从而开发一种新类型的接触钝化策略。未来有效的接触钝化需要考虑如何最小化寄生光吸收，并将光尽可能地耦合到钙钛矿吸收体中。

参 考 文 献

[1]胡彬,董文娟. 全球气候治理新动向与中国应对[J]. 国际问题研究,2023,
(6):85-97 + 125-6.

[2]RANABHAT K, PATRIKEEV L, ANTALEVNA R A, et al. An introduction to solar
cell technology [J]. Journal of Applied Engineering Science, 2016, 14(4):481-491.

[3]刘宇轩,杜永英. 浅谈太阳能光伏发电技术[J]. 电大理工,2022,(4):7-11.

[4]BRABEC C J. Organic photovoltaics:Technology and market [J]. Solar Energy
Materials and Solar Cells, 2004, 83(2-3):273-292.

[5]LI H, ZHANG W. Perovskite tandem solar cells:From fundamentals to commercial
deployment [J]. Chemical Reviews, 2020, 120(18):9835-9950.

[6]戴沁煊,周建军. 太阳能电池研究进展[J]. 企业科技与发展,2018,(2):
79-83.

[7]MESSMER C, FELL A, FELDMANN F, et al. Efficiency roadmap for evolutionary
upgrades of perc solar cells by topcon:Impact of parasitic absorption [J]. Ieee Journal
of Photovoltaics, 2020, 10(2):335-342.

[8]JEAN J, WOODHOUSE M, BULOVIC V. Accelerating photovoltaic market entry with
module replacement [J]. Joule, 2019, 3(11):2824-2841.

[9]NATIONAL RENEWABLE ENERGY LABORATORY. Best research-cell efficiency
chart [C/OL]. Golden:NREL, 2023[2023-12-01]. https://www. nrel. gov/pv/
cell-efficiency. html.

[10]ZHU P, CHEN C, DAI J, et al. Toward the commercialization of perovskite solar
modules [J]. Advanced Materials, 2024:2307357.

[11]AMAT A, MOSCONI E, RONCA E, et al. Cation-induced band-gap tuning in
organohalide perovskites:Interplay of spin-orbit coupling and octahedra tilting [J].

Nano Letters, 2014, 14(6): 3608-3616.

[12] WANG C, SONG Z, LI C, et al. Low-bandgap mixed tin-lead perovskites and their applications in all-perovskite tandem solar cells [J]. Advanced Functional Materials, 2019, 29(47): 1808801.

[13] XU J, BOYD C C, YU Z J, et al. Triple-halide wide-band gap perovskites with suppressed phase segregation for efficient tandems [J]. Science, 2020, 367(6482): 1097-1104.

[14] ZHU H W, TEALE S, LINTANGPRADIPTO M N, et al. Long-term operating stability in perovskite photovoltaics [J]. Nature Reviews Materials, 2023, 8(9): 569-586.

[15] LI C, LU X, DING W, et al. Formability of ABX_3 (X = F, Cl, Br, I) halide perovskites [J]. Acta Crystallographica Section B: Structural Science, 2008, 64 (6): 702-707.

[16] CHARLES B, DILLON J, WEBER O J, et al. Understanding the stability of mixed a-cation lead iodide perovskites [J]. Journal of Materials Chemistry A, 2017, 5 (43): 22495-22499.

[17] SONG Z, WATTHAGE S C, PHILLIPS A B, et al. Pathways toward high-performance perovskite solar cells: Review of recent advances in organo-metal halide perovskites for photovoltaic applications [J]. Journal of Photonics for Energy, 2016, 6(2): 022001.

[18] KIM H, LEE C, IM J, et al. Lead iodide perovskite sensitized all-solid-state submicron thin film mesoscopic solar cell with efficiency exceeding 9% [J]. Scientific Reports, 2012, 2(1): 591.

[19] LEE M M, TEUSCHER J, MIYASAKA T, et al. Efficient hybrid solar cells based on meso-superstructured organometal halide perovskites [J]. Science, 2012, 338 (6107): 643-647.

[20] ROMBACH F M, HAQUE S A, MACDONALD T J. Lessons learned from spiro-ometad and ptaa in perovskite solar cells [J]. Energy & Environmental Science, 2021, 14(10): 5161-5190.

[21] ZHAO Y, HEUMUELLER T, ZHANG J, et al. A bilayer conducting polymer

structure for planar perovskite solar cells with over 1, 400 hours operational stability at elevated temperatures [J]. Nature Energy, 2022, 7(2): 144-152.

[22] CHOI K, LEE J, CHOI H, et al. Heat dissipation effects on the stability of planar perovskite solar cells [J]. Energy & Environmental Science, 2020, 13 (12): 5059-5067.

[23] HEO J H, HAN H J, KIM D, et al. Hysteresis-less inverted $CH_3NH_3PbI_3$ planar perovskite hybrid solar cells with 18.1% power conversion efficiency [J]. Energy & Environmental Science, 2015, 8(5): 1602-1608.

[24] JENG J Y, CHIANG Y F, LEE M H, et al. $CH_3NH_3PbI_3$ perovskite/fullerene planar-heterojunction hybrid solar cells [J]. Advanced Materials, 2013, 25(27): 3727-3732.

[25] CHEN W, WU Y, YUE Y, et al. Efficient and stable large-area perovskite solar cells with inorganic charge extraction layers [J]. Science, 2015, 350 (6263): 944-948.

[26] ZHENG X, HOU Y, BAO C, et al. Managing grains and interfaces via ligand anchoring enables 22.3%-efficiency inverted perovskite solar cells [J]. Nature Energy, 2020, 5(2): 131-140.

[27] LI X, ZHANG W, GUO X, et al. Constructing heterojunctions by surface sulfidation for efficient inverted perovskite solar cells [J]. Science, 2022, 375 (6579): 434-437.

[28] LI Z, SUN X, ZHENG X, et al. Stabilized hole-selective layer for high-performance inverted pin perovskite solar cells [J]. Science, 2023, 382(6668): 284-289.

[29] ZHENG Y, LI Y, ZHUANG R, et al. Towards 26% efficiency in inverted perovskite solar cells via interfacial flipped band bending and suppressed deep-level traps [J]. Energy & Environmental Science, 2024, 17(3): 1153-1162.

[30] XU F, ZHANG M, LI Z, et al. Challenges and perspectives toward future wide-bandgap mixed-halide perovskite photovoltaics [J]. Advanced Energy Materials, 2023, 13(13): 2203911.

[31] SADHANALA A, DESCHLER F, THOMAS T H, et al. Preparation of single-phase films of $CH_3NH_3Pb(I_{1-x}Br_x)_3$ with sharp optical band edges [J]. Journal of

Physical Chemistry Letters, 2014, 5(15): 2501-2505.

[32]ZHAO J, DENG Y, WEI H, et al. Strained hybrid perovskite thin films and their impact on the intrinsic stability of perovskite solar cells [J]. Science Advances, 2017, 3(11): eaao5616.

[33]HU M, BI C, YUAN Y, et al. Stabilized wide bandgap $MAPbBr_xI_{3-x}$ perovskite by enhanced grain size and improved crystallinity [J]. Advanced Science, 2016, 3(6): 1500301.

[34]LIN Y, CHEN B, ZHAO F, et al. Matching charge extraction contact for wide-bandgap perovskite solar cells [J]. Advanced Materials, 2017, 29(26): 1700607.

[35]BUSH K A, FROHNA K, PRASANNA R, et al. Compositional engineering for efficient wide band gap perovskites with improved stability to photoinduced phase segregation [J]. ACS Energy Lett, 2018, 3(2): 428-435.

[36]WANG Z, LIN Q, CHMIEL F P, et al. Efficient ambient-air-stable solar cells with 2D-3D heterostructured butylammonium-caesium-formamidinium lead halide perovskites [J]. Nature Energy, 2017, 2(9): 1-10.

[37]CHEN C, SONG Z, XIAO C, et al. Achieving a high open-circuit voltage in inverted wide-bandgap perovskite solar cells with a graded perovskite homojunction [J]. Nano Energy, 2019, 61: 141-147.

[38]KIM D H, MUZZILLO C P, TONG J, et al. Bimolecular additives improve wide-band-gap perovskites for efficient tandem solar cells with cigs [J]. Joule, 2019, 3(7): 1734-1745.

[39]WANG J, ZHANG J, ZHOU Y, et al. Highly efficient all-inorganic perovskite solar cells with suppressed non-radiative recombination by a lewis base [J]. Nature Communications, 2020, 11(1): 177.

[40]LIU C, YANG Y, ZHANG C, et al. Tailoring C_{60} for efficient inorganic $CsPbI_2Br$ perovskite solar cells and modules [J]. Advanced Materials, 2020, 32(8): 1907361.

[41]PALMSTROM A F, EPERON G E, LEIJTENS T, et al. Enabling flexible all-perovskite tandem solar cells [J]. Joule, 2019, 3(9): 2193-2204.

[42]WANG P, ZHANG X, ZHOU Y, et al. Solvent-controlled growth of inorganic

perovskite films in dry environment for efficient and stable solar cells [J]. Nature Communications, 2018, 9(1): 2225.

[43] ZHANG J, BAI D, JIN Z, et al. 3d-2d-0d interface profiling for record efficiency all-inorganic CsPbBrI$_2$ perovskite solar cells with superior stability [J]. Advanced Energy Materials, 2018, 8(15): 1703246.

[44] WANG Y, DAR M I, ONO L K, et al. Thermodynamically stabilized β-CsPbI$_3$-based perovskite solar cells with efficiencies > 18% [J]. Science, 2019, 365 (6453): 591-595.

[45] KIM J, SAIDAMINOV M I, TAN H, et al. Amide-catalyzed phase-selective crystallization reduces defect density in wide-bandgap perovskites [J]. Advanced Materials, 2018, 30(13): 1706275.

[46] PHAM H, KHO T C, PHANG P, et al. Correction to: High efficiency perovskite-silicon tandem solar cells: Effect of surface coating versus bulk incorporation of 2D perovskite [J]. Advanced Energy Materials, 2020, 10(32): 2002139.

[47] TAN H, CHE F, WEI M, et al. Dipolar cations confer defect tolerance in wide-bandgap metal halide perovskites [J]. Nature Communications, 2018, 9(1): 3100.

[48] MCMEEKIN D P, SADOUGHI G, REHMAN W, et al. A mixed-cation lead mixed-halide perovskite absorber for tandem solar cells [J]. Science, 2016, 351(6269): 151-155.

[49] ZHOU Y, JIA Y, FANG H, et al. Composition-tuned wide bandgap perovskites: From grain engineering to stability and performance improvement [J]. Advanced Functional Materials, 2018, 28(35): 1803130.

[50] ZHUANG J, MAO P, LUAN Y, et al. Interfacial passivation for perovskite solar cells: The effects of the functional group in phenethylammonium iodide [J]. ACS Energy Letters, 2019, 4(12): 2913-2921.

[51] GHARIBZADEH S, ABDOLLAHI NEJAND B, JAKOBY M, et al. Record open-circuit voltage wide-bandgap perovskite solar cells utilizing 2D/3D perovskite heterostructure [J]. Advanced Energy Materials, 2019, 9(21): 1803699.

[52] LEE J W, LEE D K, JEONG D N, et al. Control of crystal growth toward scalable fabrication of perovskite solar cells [J]. Advanced Functional Materials, 2019, 29

(47）：1807047.

［53］THANH N T, MACLEAN N, MAHIDDINE S. Mechanisms of nucleation and growth of nanoparticles in solution［J］. Chemical Reviews, 2014, 114(15)：7610-7630.

［54］KWON S G, HYEON T. Formation mechanisms of uniform nanocrystals via hot-injection and heat-up methods［J］. Small, 2011, 7(19)：2685-2702.

［55］KIM J Y, LEE J, JUNG H S, et al. High-efficiency perovskite solar cells［J］. Chemical Reviews, 2020, 120(15)：7867-7918.

［56］CHEN Q, ZHOU H, HONG Z, et al. Planar heterojunction perovskite solar cells via vapor-assisted solution process［J］. Journal of the American Chemical Society, 2014, 136(2)：622-625.

［57］LIU M, JOHNSTON M B, SNAITH H J. Efficient planar heterojunction perovskite solar cells by vapour deposition［J］. Nature, 2013, 501(7467)：395-398.

［58］LIN Q, ARMIN A, NAGIRI R C R, et al. Electro-optics of perovskite solar cells ［J］. Nature Photonics, 2015, 9(2)：106-112.

［59］COJOCARU L, UCHIDA S, SANEHIRA Y, et al. Temperature effects on the photovoltaic performance of planar structure perovskite solar cells ［J］. Chemistry Letters, 2015, 44(11)：1557-1559.

［60］BACH U, LUPO D, COMTE P, et al. Solid-state dye-sensitized mesoporous TiO_2 solar cells with high photon-to-electron conversion efficiencies［J］. Nature, 1998, 395(6702)：583-585.

［61］BERTOLUZZI L, BOYD C C, ROLSTON N, et al. Mobile ion concentration measurement and open-access band diagram simulation platform for halide perovskite solar cells［J］. Joule, 2020, 4(1)：109-127.

［62］SHIRAYAMA M, KATO M, MIYADERA T, et al. Degradation mechanism of $CH_3NH_3PbI_3$ perovskite materials upon exposure to humid air［J］. Journal of Applied Physics, 2016, 119(11)：115501

［63］YANG J, SIEMPELKAMP B D, LIU D, et al. Investigation of $CH_3NH_3PbI_3$ degradation rates and mechanisms in controlled humidity environments using in situ techniques［J］. ACS Nano, 2015, 9(2)：1955-1963.

［64］KOJIMA A, TESHIMA K, SHIRAI Y, et al. Organometal halide perovskites as visible-light sensitizers for photovoltaic cells [J]. Journal of the American Chemical Society, 2009, 131(17): 6050-6051.

[65] IM J, LEE C, LEE J, et al. 6.5% efficient perovskite quantum-dot-sensitized solar cell [J]. Nanoscale, 2011, 3(10): 4088-4093.

[66] BALL J M, LEE M M, HEY A, et al. Low-temperature processed meso-superstructured to thin-film perovskite solar cells [J]. Energy & Environmental Science, 2013, 6(6): 1739-1743.

[67] BURSCHKA J, PELLET N, MOON S J, et al. Sequential deposition as a route to high-performance perovskite-sensitized solar cells [J]. Nature, 2013, 499(7458): 316-319.

[68] YANG W S, NOH J H, JEON N J, et al. High-performance photovoltaic perovskite layers fabricated through intramolecular exchange [J]. Science, 2015, 348(6240): 1234-1237.

[69] SALIBA M, MATSUI T, SEO J Y, et al. Cesium-containing triple cation perovskite solar cells: Improved stability, reproducibility and high efficiency [J]. Energy & Environmental Science, 2016, 9(6): 1989-1997.

[70] JIANG Q, CHU Z, WANG P, et al. Planar-structure perovskite solar cells with efficiency beyond 21% [J]. Advanced Materials, 2017, 29(46): 1703852.

[71] JIANG Q, ZHAO Y, ZHANG X, et al. Surface passivation of perovskite film for efficient solar cells [J]. Nature Photonics, 2019, 13(7): 460-466.

[72] JEONG M, CHOI I W, GO E M, et al. Stable perovskite solar cells with efficiency exceeding 24.8% and 0.3-v voltage loss [J]. Science, 2020, 369(6511): 1615-1620.

[73] JEONG J, KIM M, SEO J, et al. Pseudo-halide anion engineering for α-FAPbI$_3$ perovskite solar cells [J]. Nature, 2021, 592(7854): 381-385.

[74] YOO J J, SEO G, CHUA M R, et al. Efficient perovskite solar cells via improved carrier management [J]. Nature, 2021, 590(7847): 587-593.

[75] MIN H, LEE D Y, KIM J, et al. Perovskite solar cells with atomically coherent interlayers on SnO$_2$ electrodes [J]. Nature, 2021, 598(7881): 444-450.

[76] ZHAO Y, MA F, QU Z, et al. Inactive (PbI$_2$)$_2$RbCl stabilizes perovskite films for

efficient solar cells [J]. Science, 2022, 377(6605): 531-534.

[77]PARK J, KIM J, YUN H S, et al. Controlled growth of perovskite layers with volatile alkylammonium chlorides [J]. Nature, 2023, 616(7958): 724-730.

[78]CAO Y, GAO F, XIANG L, et al. Defects passivation strategy for efficient and stable perovskite solar cells [J]. Advanced Materials Interfaces, 2022, 9(21): 2200179.

[79]ZHANG Z, QIAO L, MENG K, et al. Rationalization of passivation strategies toward high-performance perovskite solar cells [J]. Chemical Society Reviews, 2023, 52 (1): 163-195.

[80]ZHANG H, WU Y, SHEN C, et al. Efficient and stable chemical passivation on perovskite surface via bidentate anchoring [J]. Advanced Energy Materials, 2019, 9 (13): 1803573.

[81] ABATE A, SALIBA M, HOLLMAN D J, et al. Supramolecular halogen bond passivation of organic-inorganic halide perovskite solar cells [J]. Nano letters, 2014, 14(6): 3247-3254.

[82]Ma C, Park N. Paradoxical approach with a hydrophilic passivation layer for moisture-stable, 23% efficient perovskite solar cells [J]. ACS Energy Letters, 2020, 5(10): 3268-3275.

[83]CHEN B, RUDD P N, YANG S, et al. Imperfections and their passivation in halide perovskite solar cells [J]. Chemical Society Reviews, 2019, 48(14): 3842-3867.

[84]YANG Z, DOU J, KOU S, et al. Multifunctional phosphorus-containing lewis acid and base passivation enabling efficient and moisture-stable perovskite solar cells [J]. Advanced Functional Materials, 2020, 30(15): 1910710.

[85]LUO J, XIA J, YANG H, et al. Novel approach toward hole-transporting layer doped by hydrophobic lewis acid through infiltrated diffusion doping for perovskite solar cells [J]. Nano Energy, 2020, 70: 104509.

[86]QIAO L, FANG W H, LONG R, et al. Elimination of charge recombination centers in metal halide perovskites by strain [J]. Journal of the American Chemical Society, 2021, 143(26): 9982-9990.

[87]LEE J, BAE S, HSIEH Y, et al. A bifunctional lewis base additive for microscopic homogeneity in perovskite solar cells [J]. Chem, 2017, 3(2): 290-302.

［88］WANG M, ZHAO Y, JIANG X, et al. Rational selection of the polymeric structure for interface engineering of perovskite solar cells ［J］. Joule, 2022, 6（5）: 1032-1048.

［89］ZHANG F, BI D, PELLET N, et al. Suppressing defects through the synergistic effect of a lewis base and a lewis acid for highly efficient and stable perovskite solar cells ［J］. Energy & Environmental Science, 2018, 11(12): 3480-3490.

［90］GUO J, SUN J, HU L, et al. Indigo: A natural molecular passivator for efficient perovskite solar cells ［J］. Advanced Energy Materials, 2022, 12(22): 2200537.

［91］ZHU N, QI X, ZHANG Y, et al. High efficiency（18.53%）of flexible perovskite solar cells via the insertion of potassium chloride between SnO_2 and $CH_3NH_3PbI_3$ layers ［J］. ACS Applied Energy Materials, 2019, 2(5): 3676-3682.

［92］ALHARBI E A, ALYAMANI A Y, KUBICKI D J, et al. Atomic-level passivation mechanism of ammonium salts enabling highly efficient perovskite solar cells ［J］. Nature Communications, 2019, 10(1): 3008.

［93］LIANG L, LUO H, HU J, et al. Efficient perovskite solar cells by reducing interface-mediated recombination: A bulky amine approach ［J］. Advanced Energy Materials, 2020, 10(14): 2000197.

［94］WANG F, ZHANG Y, YANG M, et al. Interface dipole induced field-effect passivation for achieving 21.7% efficiency and stable perovskite solar cells ［J］. Advanced Functional Materials, 2021, 31(5): 2008052.

［95］MA Y, ZENG C, ZENG P, et al. How do surface polar molecules contribute to high open-circuit voltage in perovskite solar cells? ［J］. Advanced Science, 2023, 10(17): 2205072.

［96］XUE D, HOU Y, LIU S, et al. Regulating strain in perovskite thin films through charge-transport layers ［J］. Nature Communications, 2020, 11(1): 1514.

［97］ZHANG Z, GAO Y, LI Z, et al. Marked passivation effect of naphthalene-1, 8-dicarboximides in high-performance perovskite solar cells ［J］. Advanced Materials, 2021, 33(31): 2008405.

［98］孙雪. 生物质多孔碳基复合材料的制备及其电化学性能研究[D]. 淄博: 山东理工大学, 2023.

［99］TAN W L, MCNEILL C R. X-ray diffraction of photovoltaic perovskites: Principles and applications ［J］. Applied Physics Reviews, 2022, 9(2): 021310.

［100］QIN M, XUE H, ZHANG H, et al. Precise control of perovskite crystallization kinetics via sequential a-site doping ［J］. Advanced Materials, 2020, 32 (42): 2004630.

［101］LI C, ZHANG N, GAO P. Lessons learned: How to report XPS data incorrectly about lead-halide perovskites ［J］. Materials Chemistry Frontiers, 2023, 7(18): 3797-3802.

［102］HARVEY S P, LI Z, CHRISTIANS J A, et al. Probing perovskite inhomogeneity beyond the surface: Tof-sims analysis of halide perovskite photovoltaic devices ［J］. ACS Applied Materials & Interfaces, 2018, 10(34): 28541-28552.

［103］AIELLO F, MASI S. The contribution of NMR spectroscopy in understanding perovskite stabilization phenomena ［J］. Nanomaterials, 2021, 11(8): 2024.

［104］许亚飞. 钙钛矿太阳能电池中 SnO_2 电子传输层的制备及其性能研究［D］. 景德镇: 景德镇陶瓷大学, 2022.

［105］SARKAR S, DAS R. Shape effect on the elastic properties of ag nanocrystals ［J］. Micro & Nano Letters, 2018, 13(3): 312-315.

［106］THOOL G S, SINGH A K, SINGH R S, et al. Facile synthesis of fiat crystal zno thin films by solution growth method: A micro-structural investigation ［J］. Journal of Saudi Chemical Society, 2014, 18(5): 712-721.

［107］PEI Y, LIU Y, LI F, et al. Unveiling property of hydrolysis-derived $DMAPbI_3$ for perovskite devices: Composition engineering, defect mitigation, and stability optimization ［J］. iScience, 2019, 15: 165-172.

［108］WU W, ZHONG J, LIAO J, et al. Spontaneous surface/interface ligand-anchored functionalization for extremely high fill factor over 86% in perovskite solar cells ［J］. Nano Energy, 2020, 75: 104929.

［109］GUO D, CASELLI V M, HUTTER E M, et al. Comparing the calculated fermi level splitting with the open-circuit voltage in various perovskite cells ［J］. ACS Energy Letters, 2019, 4(4): 855-860.

［110］CAPRIOGLIO P, STOLTERFOHT M, WOLFF C M, et al. On the relation between the open-circuit voltage and quasi-fermi level splitting in efficient perovskite solar cells [J]. Advanced Energy Materials, 2019, 9(33): 1901631.

[111] LUO D, SU R, ZHANG W, et al. Minimizing non-radiative recombination losses in perovskite solar cells [J]. Nature Reviews Materials, 2019, 5(1): 44-60.

[112] 曾成松. 基于界面工程制备高效稳定钙钛矿太阳能电池的研究[D]. 成都: 电子科技大学, 2021.

[113] ZHENG X, CHEN B, DAI J, et al. Defect passivation in hybrid perovskite solar cells using quaternary ammonium halide anions and cations [J]. Nature Energy, 2017, 2(7): 1-9.

[114] YOO J J, WIEGHOLD S, SPONSELLER M C, et al. An interface stabilized perovskite solar cell with high stabilized efficiency and low voltage loss [J]. Energy & Environmental Science, 2019, 12(7): 2192-2199.

[115] GAO F, ZHAO Y, ZHANG X, et al. Recent progresses on defect passivation toward efficient perovskite solar cells [J]. Advanced Energy Materials, 2019, 10(13): 1902650.

[116] AYDIN E, DE BASTIANI M, DE WOLF S. Defect and contact passivation for perovskite solar cells [J]. Advanced Materials, 2019, 31(25): 1900428.

[117] YOO H, PARK N. Post-treatment of perovskite film with phenylalkylammonium iodide for hysteresis-less perovskite solar cells [J]. Solar Energy Materials and Solar Cells, 2018, 179: 57-65.

[118] BU T, LI J, LIN Q, et al. Structure engineering of hierarchical layered perovskite interface for efficient and stable wide bandgap photovoltaics [J]. Nano Energy, 2020, 75: 104917.

[119] WU X, LIU Y, QI F, et al. Improved stability and efficiency of perovskite/organic tandem solar cells with an all-inorganic perovskite layer [J]. Journal of Materials Chemistry A, 2021, 9(35): 19778-19787.

[120] ZHANG M, CHEN Q, XUE R, et al. Reconfiguration of interfacial energy band structure for high-performance inverted structure perovskite solar cells [J]. Nature Communications, 2019, 10(1): 4593.

[121] CHEN Q, WANG C, LI Y, et al. Interfacial dipole in organic and perovskite solar

cells [J]. Journal of the American Chemical Society, 2020, 142 (43): 18281-18292.

[122] ZHANG J, WANG P, HUANG X, et al. Polar molecules modify perovskite surface to reduce recombination in perovskite solar cells [J]. RSC Advances, 2016, 6 (11): 9090-9095.

[123] LEE J, KIM J, KIM G, et al. Introducing paired electric dipole layers for efficient and reproducible perovskite solar cells [J]. Energy & Environmental Science, 2018, 11(7): 1742-1751.

[124] REN H, YU S, CHAO L, et al. Efficient and stable ruddlesden-popper perovskite solar cell with tailored interlayer molecular interaction [J]. Nature Photonics, 2020, 14(3): 154-163.

[125] ANSARI F, SHIRZADI E, Salavati-Niasari M, et al. Passivation mechanism exploiting surface dipoles affords high-performance perovskite solar cells [J]. Journal of the American Chemical Society, 2020, 142(26): 11428-11433.

[126] YANG S, DAI J, YU Z, et al. Tailoring passivation molecular structures for extremely small open-circuit voltage loss in perovskite solar cells [J]. Journal of the American Chemical Society, 2019, 141(14): 5781-5787.

[127] BUTSCHER J F, INTORP S, KRESS J, et al. Enhancing the open-circuit voltage of perovskite solar cells by embedding molecular dipoles within their hole-blocking layer [J]. ACS Applied Materials & Interfaces, 2020, 12(3): 3572-3579.

[128] LI F, YUAN J, LING X, et al. Metallophthalocyanine-based molecular dipole layer as a universal and versatile approach to realize efficient and stable perovskite solar cells [J]. ACS Applied Materials & Interfaces, 2018, 10(49): 42397-42405.

[129] LI Z, WU S, ZHANG J, et al. Hybrid perovskite-organic flexible tandem solar cell enabling highly efficient electrocatalysis overall water splitting [J]. Advanced Energy Materials, 2020, 10(18): 2000361.

[130] XIANG Y, MA Z, PENG X, et al. Constructing graded perovskite homojunctions by adding large radius phenylmethylamine ions for sequential spin-coating deposition method to improve the efficiency of perovskite solar cells [J]. The Journal of Physical Chemistry C, 2020, 124(38): 20765-20772.

[131] GUO Y, APERGI S, LI N, et al. Phenylalkylammonium passivation enables perovskite light emitting diodes with record high-radiance operational lifetime: the chain length matters [J]. Nature Communications, 2021, 12(1): 644-652.

[132] HOHENBERG P, KOHN W. Inhomogeneous electron gas [J]. Physical Review, 1964, 136(3): B864-B871.

[133] LEE C, YANG W, PARR R G. Development of the colle-salvetti correlation-energy formula into a functional of the electron density [J]. Physical Review B, 1988, 37 (2): 785-789.

[134] KRESSE G, FURTHMULLER J. Efficient iterative schemes for ab initio total-energy calculations using a plane-wave basis set [J]. Physical Review B, 1996, 54(16): 11169-11186.

[135] KRESSE G, FURTHMULLER J. Efficiency of ab-initio total energy calculations for metals and semiconductors using a plane-wave basis set [J]. Computational Materials Science, 1996, 6(1): 15-50.

[136] KRESSE G, JOUBERT D. From ultrasoft pseudopotentials to the projector augmented-wave method [J]. Physical Review B, 1999, 59(3): 1758-1775.

[137] BLOCHL P E. Projector augmented-wave method [J]. Physical Review B, 1994, 50(24): 17953-17979.

[138] BECKE A D. Perspective: Fifty years of density-functional theory in chemical physics [J]. The Journal of Chemical Physics, 2014, 140(18): 13864.

[139] LEIJTENS T, EPERON G E, BARKER A J, et al. Carrier trapping and recombination: The role of defect physics in enhancing the open circuit voltage of metal halide perovskite solar cells [J]. Energy & Environmental Science, 2016, 9 (11): 3472-3481.

[140] ZENG P, FENG G, CUI X, et al. Revealing the role of interfaces in photocarrier dynamics of perovskite films by alternating front/back side excitation time-resolved photoluminescence [J]. The Journal of Physical Chemistry C, 2020, 124 (11): 6290-6296.

[141] LIU C, YANG Y, RAKSTYS K, et al. Tuning structural isomers of phenylenediammonium to afford efficient and stable perovskite solar cells and

modules [J]. Nature Communications, 2021, 12(1): 6394.

[142] SU H, ZHANG L, LIU Y C, et al. Polarity regulation for stable 2D-perovskite-encapsulated high-efficiency 3D-perovskite solar cells [J]. Nano Energy, 2022, 95: 106965.

[143] LEE S H, JEONG S, SEO S, et al. Acid dissociation constant: A criterion for selecting passivation agents in perovskite solar cells [J]. ACS Energy Lett, 2021: 1612-1621.

[144] ZHANG H, QIN M, CHEN Z, et al. Bottom-up quasi-epitaxial growth of hybrid perovskite from solution process-achieving high-efficiency solar cells via template-guided crystallization [J]. Advanced Materials, 2021, 33(22): 2100009.

[145] TAN F, SAIDAMINOV M I, TAN H, et al. Dual coordination of ti and Pb using bilinkable ligands improves perovskite solar cell performance and stability [J]. Advanced Functional Materials, 2020, 30(45): 2005155.

[146] WANG L, ZHOU H, HU J, et al. A Eu^{3+}-Eu^{2+} ion redox shuttle imparts operational durability to pb-i perovskite solar cells [J]. Science, 2019, 363 (6424): 265-270.

[147] HE Z, ZHONG C, HUANG X, et al. Simultaneous enhancement of open-circuit voltage, short-circuit current density, and fill factor in polymer solar cells [J]. Advanced Materials, 2011, 23(40): 4636-4643.

[148] ZENG P, ZHANG Q, ZHANG Y, et al. Molecular passivation of $MAPbI_3$ perovskite films follows the langmuir adsorption rule [J]. Applied Physics Letters, 2021, 119 (10): 101101.

[149] LI N, TAO S, CHEN Y, et al. Cation and anion immobilization through chemical bonding enhancement with fluorides for stable halide perovskite solar cells [J]. Nature Energy, 2019, 4(5): 408-415.

[150] ALMORA O, GARCIA-BATLLE M, Garcia-Belmonte G. Utilization of temperature-sweeping capacitive techniques to evaluate band gap defect densities in photovoltaic perovskites [J]. Journal of Physlcal Chemistry Letters, 2019, 10 (13): 3661-3669.

[151] LIU Y, SUN Y, ROCKETT A. A new simulation software of solar cells—wxamps

[J]. Solar Energy Materials and Solar Cells, 2012, 98: 124-128.

[152] YIN W J, SHI T, YAN Y. Unusual defect physics in $CH_3NH_3PbI_3$ perovskite solar cell absorber [J]. Applied Physics Letters, 2014, 104(6): 6050-1429.

[153] TSAI H, ASADPOUR R, BLANCON J-C, et al. Light-induced lattice expansion leads to high-efficiency perovskite solar cells [J]. Science, 2018, 360(6384): 67-70.

[154] JI X, FENG K, MA S, et al. Interfacial passivation engineering for highly efficient perovskite solar cells with a fill factor over 83% [J]. ACS Nano, 2022, 16(8): 11902-11911.

[155] NI Z, BAO C, LIU Y, et al. Resolving spatial and energetic distributions of trap states in metal halide perovskite solar cells [J]. Science, 2020, 367(6484): 1352-1358.

[156] WOLFF C M, CAPRIOGLIO P, STOLTERFOHT M, et al. Nonradiative recombination in perovskite solar cells: The role of interfaces [J]. Advanced Materials, 2019, 31(52): 1902762.

[157] ZHENG D, PENG R, WANG G, et al. Simultaneous bottom-up interfacial and bulk defect passivation in highly efficient planar perovskite solar cells using nonconjugated small-molecule electrolytes [J]. Advanced Materials, 2019, 31(40): 1903239.

[158] LI Z, XIAO C, YANG Y, et al. Extrinsic ion migration in perovskite solar cells [J]. Energy & Environmental Science, 2017, 10(5): 1234-1242.

[159] BI E, SONG Z, LI C, et al. Mitigating ion migration in perovskite solar cells [J]. Trends in Chemistry, 2021, 3(7): 575-588.

[160] CORREA-BAENA J P, TRESS W, DOMANSKI K, et al. Identifying and suppressing interfacial recombination to achieve high open-circuit voltage in perovskite solar cells [J]. Energy & Environmental Science, 2017, 10(5): 1207-1212.

[161] ZHANG M, YE M, WANG W, et al. Synergistic cascade carrier extraction via dual interfacial positioning of ambipolar black phosphorene for high-efficiency perovskite solar cells [J]. Advanced Materials, 2020, 32(28): 2000999.

[162] XU W, HU Q, BAI S, et al. Rational molecular passivation for high-performance

perovskite light-emitting diodes [J]. Nature Photonics, 2019, 13(6): 418-424.

[163] YANG G, REN Z, LIU K, et al. Stable and low-photovoltage-loss perovskite solar cells by multifunctional passivation [J]. Nature Photonics, 2021, 15 (9): 681-689.

[164] WANG Q, DONG Q, LI T, et al. Thin insulating tunneling contacts for efficient and water-resistant perovskite solar cells [J]. Advanced Materials, 2016, 28(31): 6734-6739.

[165] ABDI-JALEBI M, ANDAJI-GARMAROUDI Z, CACOVICH S, et al. Maximizing and stabilizing luminescence from halide perovskites with potassium passivation [J]. Nature, 2018, 555(7697): 497-501.

[166] SHAO Y, XIAO Z, BI C, et al. Origin and elimination of photocurrent hysteresis by fullerene passivation in $CH_3NH_3PbI_3$ planar heterojunction solar cells [J]. Nature Communications, 2014, 5(1): 5784.

[167] QIN P, YANG G, REN Z, et al. Stable and efficient organo-metal halide hybrid perovskite solar cells via π-conjugated lewis base polymer induced trap passivation and charge extraction [J]. Advanced Materials, 2018, 30(12): 1706126.

[168] YANG L, JIN Y, FANG Z, et al. Efficient semi-transparent wide-bandgap perovskite solar cells enabled by pure-chloride 2D-Perovskite passivation [J]. Nano-Micro Letters, 2023, 15(1): 111.

[169] SU H, ZHANG L, LIU Y, et al. Polarity regulation for stable 2D-perovskite-encapsulated high-efficiency 3D-perovskite solar cells [J]. Nano Energy, 2022, 95: 106965.

[170] ANSARI F, SHIRZADI E, SALAVATI-NIASARI M, et al. Passivation mechanism exploiting surface dipoles affords high-performance perovskite solar cells [J]. Journal of the American Chemical Society, 2020, 142(26): 11428-11433.

[171] PAN H, ZHAO X, GONG X, et al. Atomic-scale tailoring of organic cation of layered ruddlesden-popper perovskite compounds [J]. Journal of Physical Chemistry Letters, 2019, 10(8): 1813-1819.

[172] YANG Y, LIU C, MAHATA A, et al. Universal approach toward high-efficiency two-dimensional perovskite solar cells via a vertical-rotation process [J]. Energy &

Environmental Science, 2020, 13(9): 3093-3101.

[173]ZHU Y, LV P, HU M, et al. Synergetic passivation of metal-halide perovskite with fluorinated phenmethylammonium toward efficient solar cells and modules [J]. Advanced Energy Materials, 2022, 13(8): 2203681.

[174]ATAKA K, YOTSUYANAGI T, OSAWA M. Potential-dependent reorientation of water molecules at an electrode/electrolyte interface studied by surface-enhanced infrared absorption spectroscopy [J]. The Journal of Physical Chemistry, 1996, 100 (25): 10664-10672.

[175]POSCH H A, HOOVER W G, VESELY F J. Canonical dynamics of the nosé oscillator: Stability, order, and chaos [J]. Physical Review A, 1986, 33(6): 4253-4265.

[176]HOOVER W G, HOLIAN B L. Kinetic moments method for the canonical ensemble distribution [J]. Physics Letters A, 1996, 211(5): 253-257.

[177]KOHN W, SHAM L J. Self-consistent equations including exchange and correlation effects [J]. Physical Review, 1965, 140(4A): A1133-113A8.

[178]YANAI T, TEW D P, HANDY N C. A new hybrid exchange-correlation functional using the coulomb-attenuating method (cam-b3lyp)[J]. Chemical Physics Letters, 2004, 393(1-3): 51-57.

[179]LI J F, HUANG Y F, DING Y, et al. Shell-isolated nanoparticle-enhanced raman spectroscopy [J]. Nature, 2010, 464(7287): 392-395.

[180]SCHULTZ Z D, SHAW S K, GEWIRTH A A. Potential dependent organization of water at the electrified metal-liquid interface [J]. Journal of the American Chemical Society, 2005, 127(45): 15916-15922.

[181] LIU W, SHEN Y R. In situ sum-frequency vibrational spectroscopy of electrochemical interfaces with surface plasmon resonance [J]. Proceedings of the National Academy of Sciences of the United States of America, 2014, 111(4): 1293-1297.

[182]ZHAO T, CHUEH C, CHEN Q, et al. Defect passivation of organic-inorganic hybrid perovskites by diammonium iodide toward high-performance photovoltaic devices [J]. ACS Energy Letters, 2016, 1(4): 757-763.

[183] WANG L, MCCLEESE C, KOVALSKY A, et al. Femtosecond time-resolved transient absorption spectroscopy of $CH_3NH_3PbI_3$ perovskite films: Evidence for passivation effect of PbI_2 [J]. Journal of the American Chemical Society, 2014, 136(35): 12205-12208.

[184] MEGGIOLARO D, RICCIARELLI D, ALASMARI A A, et al. Tin versus lead redox chemistry modulates charge trapping and self-doping in tin/lead iodide perovskites [J]. Journal of Physical Chemistry Letters, 2020, 11(9): 3546-3556.

[185] LIU Z, LI H, CHU Z, et al. Reducing perovskite/C_{60} interface losses via sequential interface engineering for efficient perovskite/silicon tandem solar cell [J]. Advanced Materials, 2024, 36(8): 2308370.

[186] LUO C, ZHAO Y, WANG X, et al. Self-induced type-i band alignment at surface grain boundaries for highly efficient and stable perovskite solar cells [J]. Advanced Materials, 2021, 33(40): e2103231.

[187] WANG W Y, DAVIDSON C D, LIN D, et al. Actomyosin contractility-dependent matrix stretch and recoil induces rapid cell migration [J]. Nature Communications, 2019, 10: 1186.

[188] YANG X, FU Y, SU R, et al. Superior carrier lifetimes exceeding 6 micros in polycrystalline halide perovskites [J]. Advanced Materials, 2020, 32 (39): e2002585.

[189] WRIGHT A D, VERDI C, MILOT R L, et al. Electron-phonon coupling in hybrid lead halide perovskites [J]. Nature Communications, 2016, 7: 11755.

[190] TAN S, SHI J, YU B, et al. Inorganic ammonium halide additive strategy for highly efficient and stable cspbi3perovskite solar cells [J]. Advanced Functional Materials, 2021, 31(21): 2010813.

[191] LIU C, YANG Y, RAKSTYS K, et al. Tuning structural isomers of phenylenediammonium to afford efficient and stable perovskite solar cells and modules [J]. Nature Communications, 2021, 12(1): 6394.

[192] TAN S, SHI J, YU B, et al. Inorganic ammonium halide additive strategy for highly efficient and stable $CsPbI_3$ perovskite solar cells [J]. Advanced Functional Materials, 2021, 31(21): 2010813.

[193] ZHOU T, XU Z, WANG R, et al. Crystal growth regulation of 2D/3D perovskite films for solar cells with both high efficiency and stability [J]. Advanced Materials, 2022, 34(17): 2200705.

[194] LIU W, LIU N, JI S, et al. Perfection of perovskite grain boundary passivation by rhodium incorporation for efficient and stable solar cells [J]. Nano-Micro Letters, 2020, 12(1): 1-11.

[195] LI X, WU X, LI B, et al. Modulating the deep-level defects and charge extraction for efficient perovskite solar cells with high fill factor over 86% [J]. Energy & Environmental Science, 2022, 15(11): 4813-4822.

[196] LIU S C, LI Z, YANG Y, et al. Investigation of oxygen passivation for high-performance all-inorganic perovskite solar cells [J]. Journal of the American Chemical Society, 2019, 141(45): 18075-18082.

[197] SHENG W, YANG J, LI X, et al. Tremendously enhanced photocurrent enabled by triplet-triplet annihilation up-conversion for high-performance perovskite solar cells [J]. Energy & Environmental Science, 2021, 14(6): 3532-3541.

[198] MARIOTTI S, KÖHNEN E, SCHELER F, et al. Interface engineering for high-performance, triple-halide perovskite-silicon tandem solar cells [J]. Science, 2023, 381(6653): 63-69.

[199] HOKE E T, SLOTCAVAGE D J, DOHNER E R, et al. Reversible photo-induced trap formation in mixed-halide hybrid perovskites for photovoltaics [J]. Chemical Science, 2015, 6(1): 613-617.

[200] PALMSTROM A F, EPERON G E, LEIJTENS T, et al. Enabling flexible all-perovskite tandem solar cells [J]. Joule, 2019, 3(9): 2193-2204.

[201] MCMEEKIN D P, SADOUGHI G, REHMAN W, et al. A mixed-cation lead mixed-halide perovskite absorber for tandem solar cells [J]. Science, 2016, 351(6269): 151-155.

[202] STRANKS S D, HOYE R L Z, DI D W, et al. The physics of light emission in halide perovskite devices [J]. Advanced Materials, 2019, 31(47): 1803336.

[203] CHEN H, MAXWELL A, LI C W, et al. Regulating surface potential maximizes voltage in all-perovskite tandems [J]. Nature, 2023, 613(7945): 676-681.

[204] GAN Y, HAO X, LI W, et al. Additive combining passivator for inverted wide-bandgap perovskite solar cells with 22% efficiency and reduced voltage loss [J]. Sol RRL, 2023, 7(24): 1.

[205] LIU C, YANG Y, CHEN H, et al. Bimolecularly passivated interface enables efficient and stable inverted perovskite solar cells [J]. Science, 2023, 382 (6672): 810-815.

[206] LIU J, DE BASTIANI M, AYDIN E, et al. Efficient and stable perovskite-silicon tandem solar cells through contact displacement by MgF$_x$[J]. Science, 2022, 377 (6603): 302-306.

[207] AL-ASHOURI A, KÖHNEN E, LI B, et al. Monolithic perovskite/silicon tandem solar cell with > 29% efficiency by enhanced hole extraction [J]. Science, 2020, 370(6522): 1300-1309.

[208] SUN Y Q, MAO L, YANG T, et al. Ionic liquid modified polymer intermediate layer for improved charge extraction toward efficient and stable perovskite/silicon tandem solar cells [J]. Small, 2023: 2308553.

[209] LEIJTENS T, BUSH K A, PRASANNA R, et al. Opportunities and challenges for tandem solar cells using metal halide perovskite semiconductors [J]. Nature Energy, 2018, 3(10): 828-838.

[210] KAPIL G, BESSHO T, MAEKAWA T, et al. Tin-lead perovskite fabricated via ethylenediamine interlayer guides to the solar cell efficiency of 21.74% [J]. Advanced Energy Materials, 2021, 11(25): 2101069.

[211] HU S F, OTSUKA K, MURDEY R, et al. Optimized carrier extraction at interfaces for 23.6% efficient tin-lead perovskite solar cells [J]. Energy & Environmental Science, 2022, 15(5): 2096-2107.

[212] QUARTI C, DE ANGELIS F, BELJONNE D. Influence of surface termination on the energy level alignment at the CH$_3$NH$_3$PbI$_3$ perovskite/C$_{60}$ interface [J]. Chemistry of Materials, 2017, 29(3): 958-968.

[213] DUAN J, WANG M, WANG Y, et al. Effect of side-group-regulated dipolar passivating molecules on CsPbBr$_3$ perovskite solar cells [J]. ACS Energy Letters, 2021, 6(6): 2336-2342.

[214]刘继翀,唐峰,叶枫叶,等. 利用扫描开尔文探针显微镜观察薄膜光电器件能级排布[J]. 物理化学学报,2017,33:1934-1943.

[215]TAN H R, CHE F L, WEI M Y, et al. Dipolar cations confer defect tolerance in wide-bandgap metal halide perovskites [J]. Nature Communications, 2018, 9:3100.

[216]CHEN J B, WANG D, CHEN S, et al. Dually modified wide-bandgap perovskites by phenylethylammonium acetate toward highly efficient solar cells with low photovoltage loss [J]. ACS Applied Materials & Interfaces, 2022, 14(38):43246-43256.

[217]LI T T, XU J, LIN R X, et al. Inorganic wide-bandgap perovskite subcells with dipole bridge for all-perovskite tandems [J]. Nature Energy, 2023, 8(6):610-620.

[218]VERKHOGLIADOV G, HAROLDSON R, GETS D, et al. Temperature dependence of photoinduced phase segregation in bromide-rich mixed halide perovskites [J]. The Journal of Physical Chemistry C, 2023, 127(50):24339-24349.

[219]XU J, BOYD C C, YU Z J, et al. Triple-halide wide-band gap perovskites with suppressed phase segregation for efficient tandems [J]. Science, 2020, 367 (6482):1097-1104.

[220]ZHANG J J, WANG L X, JIANG C H, et al. CsPbBr$_3$ nanocrystal induced bilateral interface modification for efficient planar perovskite solar cells [J]. Advanced Science, 2021, 8(21):2102648.

[221]LIU X X, YU Z G, WANG T, et al. Full defects passivation enables 21% efficiency perovskite solar cells operating in air [J]. Advanced Energy Materials, 2020, 10(38):2001958.

[222]ZHANG H, REN X G, CHEN X W, et al. Improving the stability and performance of perovskite solar cells via off-the-shelf post-device ligand treatment [J]. Energy & Environmental Science, 2018, 11(8):2253-2262.

[223]GELDERMAN K, LEE L, DONNE S W. Flat-band potential of a semiconductor: Using the mott-schottky equation [J]. Journal of Chemical Education, 2007, 84 (4):685-688.

[224] GUERRERO A, JUAREZ-PEREZ E J, BISQUERT J, et al. Electrical field profile and doping in planar lead halide perovskite solar cells [J]. Applied Physics Letters, 2014, 105(13): 133902.

[225] JUNG E H, JEON N J, PARK E Y, et al. Efficient, stable and scalable perovskite solar cells using poly (3-hexylthiophene) [J]. Nature, 2019, 567 (7749): 511-515.

[226] CHEN W, ZHOU Y C, CHEN G C, et al. Alkali chlorides for the suppression of the interfacial recombination in inverted planar perovskite solar cells [J]. Advanced Energy Materials, 2019, 9(19): 1803872.

[227] HAN Q F, BAE S H, SUN P Y, et al. Single crystal formamidinium lead iodide (FAPbI$_3$): Insight into the structural, optical, and electrical properties [J]. Advanced Materials, 2016, 28(11): 2253-2258.

 **附录**

附录 A 钙钛矿器件效率认证证书

F 00027380

中国测试技术研究院
NIMTT
National Institute of Measurement and Testing Technology

测 试 报 告
Test Report

报告编号　测试字第 202208000768 号
Report No

客 户 名 称　University of Electronic Science and Technology of China
Client Name

联 络 信 息　　　　　　　　/
Contact Information

样 品 名 称　Perovskite Solar Cell
Sample Name

型 号 / 规 格　0.0491 cm²
Model

样 品 编 号　PVK MYY 02
Sample No

标 称 生 产 单 位　School of Materials and Energy, University of Electronic
Manufacturer　　Science and Technology of China

扫码验真
1003340428

批 准 人
Approved by

签发日期　2022 年 08 月 19 日
Issue Date　　Year　Month　Day

地址：中国·四川·成都玉双路 10 号　　　　电话：028-84404337
Address: No.10, Yushuang Road, Chengdu, Sichuan, China　Telephone
邮编：610021　　　　　　　　　　　　　　传真：028-84404149
Post Code　　　　　　　　　　　　　　　Fax
网址：www.nimtt.cn　　　　　　　　　　邮箱：kfzx@nimtt.com
Web　　　　　　　　　　　　　　　　　E-mail

第 1 页 共 5 页
Page   of

声 明

1. 本单位仅对加印"中国测试技术研究院测试专用章"的完整证书负责。

2. 报告无主检人、审核人、批准人完整签字无效。

3. 报告涂改无效。

4. 对送样的委托测试报告,测试结果仅对来样负责。

5. 如样品由委托方提供,委托方对样品相关信息的真实性负责。

6. 客户若对本报告有异议,应在收到报告五个工作日内向我单位提出书面意见。

7. 测试项目未使用授权资质,测试结果仅提供客户参考。

| 中国测试技术研究院测试报告
Test Report of NIMTT | | | 报 告 编 号 测试字第 20220800768 号
Report No. | |

接收日期 Receive Date	2022 年 08 月 12 日	测试日期 Test Date	2022 年 08 月 19 日

本次测试所依据的技术文件
Reference Documents for the Test

IEC TR 63228:2019 Measurement protocols for photovoltaic devices based on organic, dye-sensitized or perovskite materials

本次测试所使用的主要仪器设备
Main Measurement Instruments Used in the Test

名称 Name	编号 No	测量范围 Measuring Range	不确定度或准确度等级或 最大允许误差 Uncertainty or Accuracy Class or Maximum Permissible Error	溯源证书编号 Traceability Certificate No.	有效期至 Due Date
高精度数据采集器/电流测试仪	NIM-SIM-CAL-001.2014/8201 260052	$(0\sim80)$V $(0.1\sim20)$A	电压: $U=0.01$mV~0.003V $k=2$ 电流: $U=0.03$mV~0.0002V $k=2$	校准 202204004546	2023-04-17
数字源表	4367281	电压:$(0.01\sim40)$V 电流:0.01mA$\sim$1A	DCV:$U=(0.006\sim50)$mV DCI:$U=(0.00001\sim0.05)$mA $(k=2)$	校准字第 202206004971	2023-06-16
稳态太阳模拟器	128	$(200-1200)$W/m^3	A+A+A+	校准 202206009144	2023-06-14

测试地点及环境条件
Location and Environment Conditions

地 点: Location	四川省成都市玉双路 10 号 No.10 Yushuang Road, Chengdu Sichuan, P.R. China		
环境温度: Temperature	25 ℃	湿度: Humidity 46% RH	其它: Others

中国测试技术研究院测试报告
Test Report of NIMTT

报告编号　测试字第 20220800076& 号
Report No.

测 试 结 果
Results of Test

1. **Test Condition**

   (1)　Reference Cell: Mono-Si Solar Cell (Certification by Newport)

   (2)　Sample Information: Inverted Structured Solar Cell with an Aperture Area of 0.0491 cm^2

   (3)　Storage Condition of Sample Before Test: Temperature: 25℃; Humidity: 0.01%; stored in Dark for 24 Hours.

2. **Methodologies and Settings**

   (1)　I-V Test for Sample was conducted Using 3A Classification of Solar Simulator (Spectrum: AM1.5G) calibrated to 1000 W/m^2 by the Reference Cell.)

   (2)　Parameter Settings for I-V Test are Shown in Table 1:

   Table 1 Parameter Settings for I-V Test

Scan Mode	Start Voltage	End Voltage	Step	Delay	Light Soaking Pre-treatment
Forward scan	-0.1 V	1.20 V	0.013 V	10 ms	No
Reverse scan	1.20 V	-0.1 V	0.013 V	10 ms	No

3. **Test Results**

   Current-Voltage Curves are Shown in Figure 1 and 2.

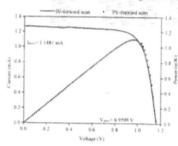

Figure 1 I-V Curve (Forward Scan)

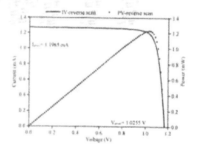

Figure 2 I-V Curve (Reverse Scan)

中国测试技术研究院测试报告 　　　　　　　报 告 编 号　测试字第 20220800768 号
Test Report of NIMTT 　　　　　　　　　　　　Report No

测 试 结 果
Results of Test

Irradiated I-V parameters for Perovskite Solar Cell are Shown in Table 2:

Table 2 Irradiated I-V parameters

Scan Mode	Short-circuit Current	Open-circuit Voltage	Fill Factor	Maximum-Power	Maximum-Power Voltage	Maximum-Power Current	Conversion Efficiency
	I_{sc} (mA)	V_{oc} (mV)	FF (%)	P_m (mW)	V_{pmax} (V)	I_{pmax} (mA)	η (%)
Forward scan	1.27	1.16	74.7	1.10	0.96	1.15	22.4
Reverse scan	1.27	1.17	82.6	1.23	1.03	1.19	25.0

Remarks:

Reported Performance Parameters Take the Average of Three Test Values.

说明 Note	/

核 验 员　吴伟钢　　　　　　　　测 试 员　康张李
Checked by 　　　　　　　　　　　　Tested by

证书续页（v202101） 　　　　　　　　　　　　　第 5 页 共 5 页
Continued Page 　　　　　　　　　　　　　　　Page　of

附录 B 本书主要符号对照表

符号	单位	说明
D	$cm^2 \cdot s^{-1}$	扩散系数
k_1	s^{-1}	单粒子复合速率
k_2	$cm^3 \cdot s^{-1}$	双粒子复合速率
S_0	m/s	顶部表面复合速度
S_L	m/s	底部表面复合速度
$G(t)$	$cm^{-3} \cdot s^{-1}$	载流子生成速率
$n(x,t)$	cm^{-3}	载流子浓度
n_e	cm^{-3}	导带电子浓度
N_t	cm^{-3}	缺陷态密度
n_t	cm^{-3}	俘获缺陷电子密度
k_t	cm^{-3}	俘获电子速率常数
I_0	pJ	激发激光脉冲能量
α	cm^{-1}	吸收系数
n_0	cm^{-3}	初始载流子浓度
μ	$cm^2 \cdot V^{-1} \cdot S^{-1}$	载流子迁移率
Rs	Ω	等效串联电阻
Rc	Ω	等效传输电阻
V_{TFL}	V	极限填充电压
V_{mpp}	V	最大功率点电压
$\mathcal{T}_0$	meV	非均匀展宽项
$\mathcal{T}_{op}$	meV	纵向光学声子相关展宽项

续表

符号	单位	说明
E_{op}	meV	光学声子的能量
γ_{op}	meV	激子和光学声子相互作用耦合系数
E_g	eV	禁带宽度
λ	nm	光的波长
h	J·s	普朗克常数
W	nm	耗尽层宽度
E_ω	eV	缺陷能级能量
ω	S^{-1}	角频率
K_B	J/K	玻尔兹曼常数
C	F	电容
q	c	元电荷
E_{Fn}	eV	电子准费米能级
E_{Fp}	eV	空穴准费米能级
N_C	cm^{-3}	导带有效态密度
N_V	cm^{-3}	价带有效态密度
P_0	cm^{-3}	初始空穴密度

附录 C　本书缩略词表

英文缩写	英文全称	中文全称
c-Si	Crystalline Silicon	晶体硅
a-Si	Amorphous Silicon	非晶硅
CIGS	Copper Indium Gallium Diselenide	铜铟镓硒
DSSC	Dye Sensitized Solar Cells	染料敏化太阳能电池
OPV	Organic Solar Cells	有机太阳能电池
PSCs	Perovskite Solar Cells	钙钛矿太阳能电池
Si SC	SiliconSolar Cells	硅基太阳能电池
PCE	Power Conversion Efficiency	功率转换效率
TOPcon	Tunnel Oxide Passivating Contacts	隧道氧化物钝化接触
IBC	Interdigitated Back Contact	叉指状背接触结构
BOS	Balance of System	系统外部成本
LCOE	Levelized Cost of Energy	平准化度电成本
NREL	National Renewable Energy Laboratory	国家可再生能源实验室(美国)
BIPV	Building Integrated Photovoltaic	光伏建筑一体化
CIPV	Car-Integrated photovoltaics	汽车集成光伏
VBM	Valance Band Maximum	价带最大值
CBM	Conduction Band Minimum	导带最小值
TCO	Transparent Conductive Oxide	透明导电氧化物
HTL	Hole Transport Layer	空穴传输层
ETL	Electron Transport Layer	电子传输层
V_{OC}	Open-circuit Voltage	开路电压
J_{SC}	Short-circuit Current Density	短路电流密度

英文缩写	英文全称	中文全称
FF	Fill Factor	填充因子
CTL	Charge Transport Layer	电荷传输层
QFLS	Quasi Fermi Level Splitting	准费米能级分裂
S-Q	Shockley-Queisser	肖克利奎伊瑟
HJT	Heterojunction with Intrinsic Thinfilm	本征异质结电池
ETM	Electron Transport Materials	电子传输材料
HTM	Hole Transport Materials	空穴传输材料
CBD	Chemical Bath Deposition	化学浴沉积
WBG	Wide Band Gap	宽带隙
LED	Light Emitting Diode	发光二极管
PLQY	Photoluminescence Quantum Yield	光致发光量子产率
EL-EQE	Electroluminescence External Quantum Efficiency	电致发光外量子效率
TSCs	Tandem Solar Cells	叠层太阳能电池
SHJ	Silicon Heterojunction	硅异质结
FEP	Field Effect Passivation	场效应钝化
BSF	Back Surface Field	背表面场
SEM	Scanning Electron Microscope	扫描电子显微镜
EDS	Energy Dispersive Spectrometer	能谱仪
XRD	X-Ray Diffraction	X 射线衍射
FWHM	Full Width at Half Maxima	半高峰宽
GIWAXS	Grazing Incident Wide Angle X-ray Scattering	掠入射广角 X 射线散射
SAXS	Small Angle X-ray Scattering	小角 X 射线散射
XPS	X-ray Photoelectron Spectroscopy	X 射线光电子能谱
UPS	Ultraviolet Photoelectron Spectroscopy	紫外光电子能谱

英文缩写	英文全称	中文全称
FTIR	Fourier Transform Infrared Spectroscopy	傅里叶红外线光谱
AFM	Atomic Force Microscope	原子力显微镜
KPFM	Kelvin probe force microscope	开尔文探针力显微镜
CPD	Contact Potential Difference	接触电势差
TOF-SIMS	Time-of-Flight Secondary-ion Mass Spectrometry	飞行时间-二次离子质谱
UV-vis	UV-visible Absorption Spectra	紫外-可见吸收光谱
TCSPC	Time-Correlated Single Photon Counting	单光子计数
PL	Photoluminescence	光致发光
TRPL	Time-Resolved Photoluminescence	时间分辨光致发光
TA	Transient Absorption	瞬态吸收
GSB	Ground-State Bleach	基态漂白
SE	Stimulated Emission	受激发射
ESA	Excited-State Absorption	激发态吸收
NMR	Nuclear Magnetic Resonance	核磁共振波谱
EQE	External Quantum Efficiency	外量子效率
IQE	Internal Quantum Efficiency	内量子效率
EIS	Electrochemical Impedance Spectroscopy	电化学交流阻抗谱
SCLC	Space Charge Limited Current	空间电荷限制电流法
MPPT	Maximum Power Point Tracking	最大功率点跟踪
V_{bi}	Built-in Voltage	内建电压
W_F	Work Function	功函数
UDM	Stress Deformation Model	均匀变形模型
TAS	Thermal Admittance Spectroscopy	热导纳谱
tDOS	Trap-Density-of-States	陷阱态密度

分子层级的精准调控实现高效钙钛矿太阳能电池

英文缩写	英文全称	中文全称
DFT	Density Functional Theory	密度泛函理论
TPV	Transient Photovoltage	瞬态光电压
TPC	Transient Photocurrent	瞬态光电流
GB	Grain Boundary	晶界
RMS	Root Mean Square	均方根
TCFM	Time-resolved Confocal Fluorescence Microscope	时间分辨共聚焦荧光显微
SRV	Surface Recombination Velocity	表面复合速度
MD	Molecular Dynamics	分子动力学
ESP	Electrostatic potential	静电势